石黒 浩
Hiroshi Ishiguro

ロボットと人間

人とは何か

岩波新書
1901

目　次

目次

プロローグ

人間への興味

人は何に興味を持って生きているのだろうか。人間の興味の根底にあるのは、「人間」だと思う。日常生活の中で仕事や勉強に追われていると、自分の興味の根源を深く掘り下げて考える機会を失いがちであるが、改めて考えてみれば、誰しもその興味が人間そのものにあることに気がつく。

ここでいう人間とは、自分自身も含む。というより他人よりもむしろ誰しも自分自身に、より深い興味を持っているはずである。どうして他人と関わるのか、他人と関わって何を知りたいのか、その答えは自分自身を知りたいということに他ならない。これまでに執筆した本でも何度か書いてきたように、

〈他人は自分を映す鏡である〉。

私たち人間の持つ感覚器はすべて、体の外を向いており、外の世界を知覚するようになっている。自分の脳の中や体の中で何が起きているかを、知覚することはできない。特に脳の中で何が起きているかは、まったく知ることができない。自分が何者で、何を考えているのか、その考えていることが正しいのかは、すべて他人を通して初めて知ることができる。ゆえに、私たち人間は人間そのものに興味を持つのだと思う。

人間が社会性を持つ理由の一つも、そこにある。自分が何者であるかを知りたいがために、社会の一員となり、その社会を大事にする。社会とまったく関わることなく生きている者などいない。人間は社会性を発達させて、アウストラロピテクスからホモサピエンスに進化したが、同時にそのころから、自分が何者であるかを考えるようになったのではないかと思う。

ロボット学

そして、私が勤める大学で取り組まれる研究においても、宇宙や原子分子の世界を対象とした物理学以外の、ほとんどの学問が人間への興味の上に成り立っている。法学、経済学、工学、文学、教育学など、どれも人間について研究をしている。工学も、人間に役に立つ物を造るということが目的になっている学問である。

むろん、私が専門とするロボット工学も同様である。ロボット工学の研究には、主に二つの目的がある。一つは、人間のようなロボットを開発し、人間の役に立たせるという、工学的な目的である。もう一つは、人間のようなロボットの開発を通して、人間について調べるという科学的な目的である。

人間は非常に複雑で、従来の認知科学や脳科学だけでは解明できないことも多い。従来の認知科学や脳科学は、人間の身体の一部や脳の一部に焦点をあてて、その機能の解明に取り組んでいる。しかし、体全体や脳全体を観察しなければ理解できない人間の性質も非常に多い。例えば、「意識」とは何かを理解するには、脳の様々な部位を観察したり、人間の行動全体を見たりする必要がある。

このような体や脳全体に関わる問題の解明には、人間のようなロボットを用いることができる。開発したロボットと人間が関わり、その人間がロボットから「意識」を感じるようになれば、そのロボットの仕組みを調べなおすことで、「意識」の仕組みを理解できる可能性があるのである。

〈ロボット研究は科学と技術の二つの目的を持つ〉

このようなロボットに関する学問を、私自身は「ロボット工学」ではなく、「ロボット学」と呼んでいる。人間に似たロボットを開発し、それを用いて、人間を理解するという学問である。

ロボット研究と社会の期待

日本はロボットの研究で、世界をリードしている。日本は非常にものづくりに長《た》けた国で、自動車産業や時計産業など、米国やヨーロッパに先行された分野においても、一度は世界一の開発力を誇るようになり、今もなお世界をリードしている。ロボット産業においても同様である。特に産業用ロボットにおいては、一時期は世界の七割の産業用ロボットが日本製だったこともある。そして、産業用ロボット以外のロボット、特に人と関わる人間らしいロボットの研究開発も、日本が世界をリードしている。

しかし残念ながら、人と関わる人間らしいロボットの研究は、常に多くの人々の興味と、産業界の期待を集めるものの、いまだ広く社会に普及していない。とは言え、人々の興味が失われることもない。その理由は、それが人間理解に繋がるからである。

〈人間は、人間を理解するために生きている〉

人間の生きる理由、存在することの意義を問われれば、躊躇《ちゅうちょ》なくこう答える。そして、人々が人と関わる人間らしいロボットに興味を持つ理由もここにあると考えている。

ちなみにこのようなロボット研究に似ているのが、脳研究である。脳は人間を理解するためには最も重要な器官である。それゆえ、脳研究は実用的な研究成果が生まれなくとも、ロボット研究と同様に、常に人々の興味の対象となってきた。人間らしいロボットの研究や脳研究に対する人々の興味を鑑《かんが》みれば、私たち人間がいかに人間に興味を持っているかが理解できる。

人と関わるロボットの普及

ではこの人と関わる人間らしいロボットは、いつ、どのように実用化されるのだろうか？

人と関わるロボットの研究は、私を含む複数の研究者を中心にして、二〇〇〇年に入ってから本格的に始まった。そして今日までに多くの企業がその実用化に挑戦してきたが、いまだに大きな成功は収めていない。

人と関わるロボットの普及は、それほどたやすくない。しかし近年、急速に普及する可能性がでてきた。

人と人を繋ぐ技術は、電話に始まる。電話の後に登場したのが、インターネットであり、電子メイルである。そして二〇〇〇年ごろからは、SNS、すなわちソーシャルネットワークサービスが普及し、常に人々を結びつけるようになった。同時に、二〇〇〇年ごろからインターネットの通信速度が格段に速くなり、リモート会議システムや遠隔操作ロボットが利用できるようになってきた。

しかし、リモート会議システムや遠隔操作ロボットは十分に普及してこなかった。リモート会議システムは、どうしても直接対面することが困難な場合の、非常手段としてのみ利用されてきた。遠隔操作ロボットは、テレワークに役立つとして開発され、二〇一〇年ごろに多少普及もしたが、すぐに廃《すた》れてしまった。これらリモート会議システムや遠隔操作ロボットが十分普及しなかった理由は、多くの人々が対面での対話でこそ、意思疎通ができると思っていたことや、ロボットの姿形で働くことは、不適切と思い込んでいたことに原因があると思われる。

〈人の存在に関わる技術は、簡単には社会に浸透しない〉

ということだと思う。私たちは情報化技術を、どんどんと受け入れてきた。しかしそれが人間のあり方を変えるような場合には、人は非常に保守的になる。

電話や電子メイルやSNSは、音声やテキスト情報など限られたメディア情報の交換手段であり、人間そのものの存在に代わるものではない。それゆえ、便利な道具として急速に社会に浸透した。しかしリモート会議システムや遠隔操作ロボットは、人間の存在に代わるものとして開発されたがゆえに、受け入れられることが難しく、十分に普及してこなかったのだろう。

コロナ禍とロボット

ところが、二〇二〇年の三月から日本でも始まった新型コロナの感染拡大によって、人と人が直接会うことを避けなければならない状況になり、テレワークが強いられるようになった。

そこで使われだしたのは、三〇年前からあるような、リモート会議システムである。むろんインターネットの高速化により、三〇年前より使い勝手はよくなっているものの、基本的な仕組みやインターフェースは変わってない。

革新が急速に進む情報化技術において、これほど変わっていないシステムも珍しいように思う。インターネットが普及しだした三〇年前から、リモート会議システムは世の中を変える技術として期待されてきた。遠隔操作ロボットも、一九九八年のロボットの国際会議で私が発表して以来(これがロボット分野で最初の、人との対話を目的とした遠隔操作ロボットの研究だと思うのだが)、二〇一〇年の間に、リモート会議システムと同様に世の中を変える技術として期待され、多くのベンチャー企業が開発に取り組んできた。

しかし残念ながら、これらの技術は世の中に広く普及することはなく、幾度の研究開発のブームを経て、研究開発が下火になったころにコロナ禍に見舞われ、一転してこれらの技術の必要性が高まったのである。それゆえ、いまさらに三〇年前と変わらない技術を皆が使うような事態になっている。

リモート会議システムの問題点

コロナ禍においては、非常に多くの人がリモート会議システムを使っているが、この三〇年前からの技術は、決して理想的なものではない。解決すべき、いくつもの根本的な問題点を持つ。

リモート会議システムは、報告や情報交換を目的とした会議では、特に支障なく使える。しかし、議論を通して新しいアイディアを発見しようとすると、非常に使い勝手が悪い。自由に議論し、自由に発想することが、どうもうまくできないように思える。また相手を説得する場合も、リモート会議システムではうまくいかないことが多い。

対話とは、単に言葉をやりとりすることではなく、視線を交わしたり、表情を通して意思疎通したり、態度で隠れた意図を表したりするような、多様なコミュニケーション手段を含む。リモート会議システムでは、そうした多様なコミュニケーション手段が再現できていないのである。

リモート会議システムを複数人で使っていると、それぞれの視線はばらばらな方向を向いており、同じ空間で議論している感じはしないし、自分の意見にどれほど同意してもらっているのか、視線から読み取ることも難しい。

また表情も、対面している状況よりも不明確になる。表情は顔の向きや動きによって意味が多少変わってくるのだが、リモート会議システムを通して観察される相手の顔の向きや動きは、同じ空間で対面する場合とはかなり異なる。

電話とは異なり、リモート会議システムでは本人の映像が映し出されるので、本人がそこに居ることは感じられるのであるが、感じられる存在感は、実際の対面での対話から感じるものとは大きく異なるのである。

〈人間の対話能力は実環境に適応している〉

ということである。生まれた直後からリモート会議システムを使って育てられる子どもなら、その対話能力はリモート会議システムに適応するのかもしれないが、ほぼすべての人間の対話能力は実環境に適応しており、それとは異なるリモート会議システムにおける対話での意思疎通には明らかな限界がある。

これからの未来において、またいつ新たな感染症に見舞われるか解からないし、いったんコロナ禍を全世界で経験した私たちは、常に心配するようになる。すなわち、今後もリモート会議システムは使われ続け、一定の割合でテレワークは定着すると思われる。しかし、そうしたテレワークで生産性が落ちるならば再び、コロナ禍以前の状態に戻ってしまうだろう。リモート会議システムを改良し、リモート会議であっても、直接対面して対話するのと変わらないか、それ以上に発想力が得られるようにする必要があると思う。

遠隔操作ロボットへの期待

そのリモート会議システムに加えて利用が期待されるのが、遠隔操作ロボットである。アバターとも呼ばれる。遠隔操作ロボットであれば、相手の人間と実環境で対話することができる。ロボットの形状や性能にもよるが、視線を適切に制御したり、感情を表情で表したりすることもできる。ロボットに乗り移って、ロボットを自分の体として使いながら、遠隔地において、まるで自分がそこにいるように、人々と交流することができるのである。

ただ、ロボットはスマートフォンやパソコンに比べ、動く部分が多く、壊れやすいという問題がある。実環境内で自由に動き回るためには、人間並みのセンサも必要となる。ハードウェアにかかるコストが高いのである。

スマートフォンは、単純な形状のハードウェアに、多様なソフトウェアを実装して、様々な目的に使うことができる。それに比べると、ロボットは、ハードウェアの製造コストが高い割には、できることが限られている。それゆえ、実現する技術はあっても、社会の中で実用的に用いられることが少なかった。

しかし、コロナ禍の最中や後では、その必要性が格段に高まり、広く普及する可能性がある。また、遠隔操作ロボットは、何も機械で実現しなければならないものではない。仮想空間上で活動する、遠隔操作ソフトウェアエージェント（一般にはCGアバターとも呼ばれる）を用いれば、リモート会議システムよりも自然に対話できるシステムを実現できる可能性がある。さらには、両者を組み合わせたようなシステムも利用されるかもしれない。

いずれにしろ、遠隔操作ロボットの必要性、ひいてはロボット技術の必要性はさらに高まり、これまで普及しなかった人と関わるロボットが急速に広がりを見せるようになる可能性は高い。

遠隔操作ロボットと自律ロボットの違い

ここで、遠隔操作ロボットと自律ロボットの違いについて述べておこう。本書で主に紹介するのは、自律ロボットの技術である。しかし、自律ロボットと遠隔操作ロボットの違いは、実はそれほど明確ではない。両者の極端な例を考えてみよう。

典型的な遠隔操作ロボットとは、パペットのように、すべて人間の指示通りに動くロボットである。映画のロボットで言えば、私もその映画の冒頭に登場している、ブルース・ウィリス主演の『サロゲート』である。映画に登場する、遠隔操作ロボット「サロゲート」は、操作者がブレインマシンインターフェース(脳波でロボットを制御する装置)を使って、ロボットの体を制御し、その体が持つ感覚を共有することができる。

一方で、自律ロボットの典型例は、鉄腕アトムやドラえもんのような、人間と同様に自らが判断して活動するロボットである。

しかし遠隔操作ロボットのサロゲートは、どこまで遠隔操作されているのだろうか? 歩くときに、どの筋肉をどのように動かすかというような指示を、操作者はブレインマシンインターフェースを介して送っているのだろうか? おそらく、サロゲートも人間もそのようなことはしていない。すなわち人間の脳は、複雑な人間の体の隅々まで意識して動かしているわけではなく、映画の中のロボットも、操作者がそのすべてを操作しているのではないだろう。

遠隔操作ロボットで大事なことは、操作者の意図通りに動けばよく、末端の筋肉などの細かい動作まで、直接操作する必要がないということである。前に進みたいと思って、前に進めればよく、そのために足をどのように動かしているかは、気にする必要はない。

では操作者の意図とは、どれほど正確で緻密でなければならないのだろうか?

遠隔操作ロボットで、スーパーマーケットに牛乳を買いに行くとしよう。その際、操作者の操作としてはいくつものレベルが考えられる。通る道順や買うべき牛乳の種類をていねいに指示するレベル。行くべきスーパーマーケットと買うべき牛乳の種類を指示するレベル。牛乳を買えとだけ指示するレベル。あらかじめ「牛乳がなくなったら買っておいてね」と指示をしておき、その都度指示しないレベル。さらには、「私の健康を管理してね」とだけ指示し、何を飲むかはロボットに任せるレベル、という複数のレベルが考えられる。これらのレベルのうち、最後の二つはほぼ自律ロボットとみなしていいだろう。

ロボットに操作者の意図を十分汲み取る能力と、自律的に行動する能力があれば、遠隔操作はずいぶんと楽になる。人が人に何かを頼むように、ロボットにも簡単な指示を与えるだけで目的を達成することができる。すなわち、遠隔操作ロボットはＡＩ技術などの発展に伴い、必然的に自律ロボットに近づき、人のパートナーとして働くようになると期待される。

もちろん、完全自律ロボットというのも考えられる。例えば火星に人を送り込むことは当面難しいが、ロボットなら送り込むことは可能であろう(すでに小さい探査ロボットは火星に到達している)。ロボットであれば火星を開拓することは可能で、そのようなロボットは、プログラムに埋め込まれた判断基準に従って、人間をいっさい介在させることなく(遠隔操作したくても電波が届くのに時間がかかり過ぎてできない)、自らが決定して、行動するだろう。

コロナ禍によって、リモート会議システムや遠隔操作ロボットの必要性が一気に高まり、その技術開発に多くの期待が寄せられている。これをきっかけに、ロボット開発が格段に進み、遠隔操作ロボットを自律ロボットの技術で発展させ、より利便性の高い、人の意図を理解しながら、人のパートナーとなって、人を支援するロボットが近い将来実現されるようになる可能性は高い。

本書では、ロボット研究の科学的側面と技術的側面、すなわち、人間に関する深い疑問に答える側面と、世の中で役立つ側面の両方から、これまでに取り組んできた研究や、それをもとに巡らせた思考について述べる。ロボット研究を通して、私自身が、人間のどんな本質的な問題に答えを見いだそうとしてきたかについても述べたい。

ただし、ここで述べることは、人間の本質についての明確な答えではない。むしろその本質に関する疑問は、研究を通してより深くなり、より難しい問題へと発展している場合が多い。それゆえ、これから解くべき問題について述べたものであると考えていただければと思う。

1章　ロボット研究から学ぶ人間の本質

ジェミノイドの研究開発

私の研究が世界的に様々なメディアで取り上げられるようになったのは、自分自身のコピーである遠隔操作アンドロイド「ジェミノイド」を開発してからである。

人間理解とロボット開発を同時に進めることを目的に、二〇〇〇年ごろから、私は人間に酷似したアンドロイドの研究開発に取り組んだ。そして、二〇〇四年には世界初の人間に酷似したロボットであるアンドロイド「リプリーＱ１」を開発し、二〇〇五年の愛知万博に展示し、世界的な注目を集めた。

その後、二〇〇七年に今度は自分をモデルとして、遠隔操作アンドロイド、ジェミノイドＨＩ−１を開発した（ＨＩは Hiroshi Ishiguro の頭文字）。

なおジェミノイドとは、人間と双子の遠隔操作アンドロイドのことである。

図1‒1は、二代目のジェミノイドHI‒2と私の写真である。ジェミノイドをはじめとするアンドロイドの皮膚はシリコンでできており、その耐久性には限界がある。長くて一〇年、短い場合は三年程度で張り替える必要がある。また一方で、モデルとなる人間も歳を取る。それゆえ、三年ごとにシリコンの皮膚を張り替えたり、新たに造り直したりする必要がある。現在、ジェミノイドは五代目のHI‒5になっている。

図1‒1　遠隔操作アンドロイド「ジェミノイド HI‒2」

二〇〇〇年に始めたアンドロイド開発では、完全自律型のアンドロイドの実現をめざしていた。すなわち、対話相手の身振り手振りや発話を認識しながら、その質問に答えるようなアンドロイドである。二〇〇五年の愛知万博に展示したアンドロイドは、来場者の位置や簡単なジェスチャーを認識し、ごく限られた質問に答えることができた。しかし、そのアンドロイドの性能を向上させるには、身振り手振りや、視線の動きを含む、大量の対話データが必要であることも明らかになった。

その対話データを集めるために開発したのが、遠隔操作アンドロイド「ジェミノイド」である。私自身がジェミノイドのモデルとなると同時に、私自身がジェミノイドを操作して、様々な人と対話しながら、対話データを集めた。

私自身がモデルになれば、完成したジェミノイドがどれほど人間らしいかは、生身の私との直接比較によって評価できる。また、そのための対話データが足りなければ、いつでも私自身がジェミノイドを操作して、必要な対話データを収集することができる。

当初はこのように自律アンドロイドの実現を目標に、ジェミノイドの研究開発に取り組んだのであるが、すぐに、ジェミノイドそのものが十分に興味深い研究対象であることが解かった。ジェミノイドを使えば、私が海外に行かなくても、ジェミノイドを海外に送ることで、海外で講演できたり、逆に大学にジェミノイドがあれば、私が出張中でも大学でジェミノイドを使って、講義をしたりすることができる。

図1-2は私の身代わりとしてジェミノイドを利用するために開発した、遠隔操作システムである。この遠隔操作システムの操作は非常に簡単である。操作者の前には、モニタが置いてあり、そのモニタには、ジェミノイドから見た映像と、ジェミノイドとジェミノイドの対話相手の双方の映像が映し出されている。操作者は、これらの映像を見ながら対話者と話しをするだけで、それ以外は特に何も操作しない。

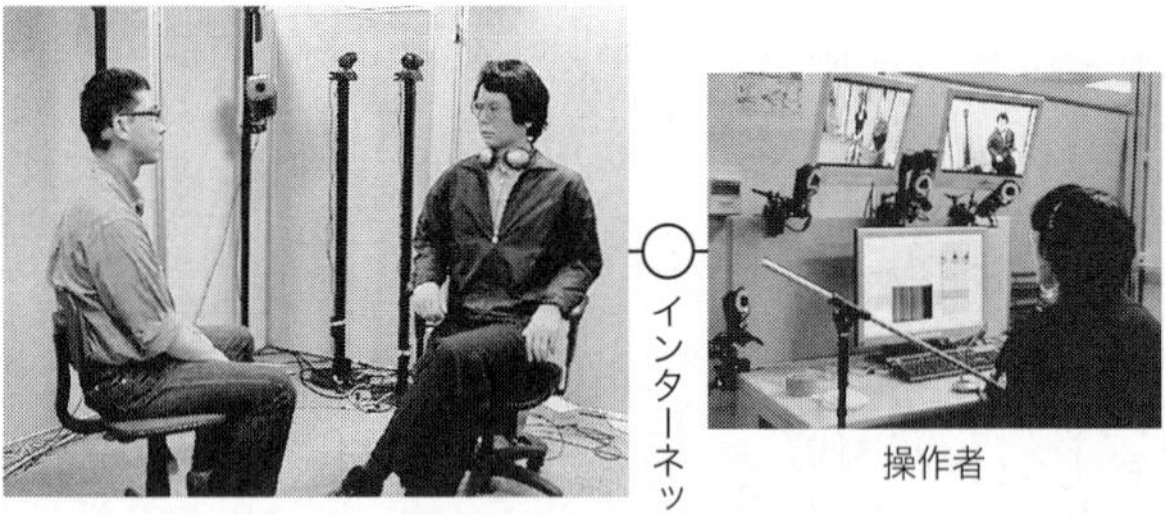

図 1–2　ジェミノイドの遠隔操作システム

一方、コンピュータは操作者の声をマイクから取り込むと同時に、その顔の映像もカメラで取り込んでいる。取り込んだ声は、ジェミノイドに送られ、ジェミノイドの体に取りつけられたスピーカーで再生される。取り込んだ顔の映像は、コンピュータによって解析され、操作者の唇や頭の動きが検出される。検出された情報は、ジェミノイドに送られ、ジェミノイドの唇や頭部を動かす。また、操作者が何もしていないときも、コンピュータはジェミノイドを何もしていないときの人間のように動かし続ける。

人間が何もしていないとき、体の動きは完全に止まるわけではない。目は周りを見渡し、体は貧乏ゆすりなどその人特有の動きをする。ジェミノイドには、私の何もしていないときの動作をあらかじめ計測し、実装されている。これらの機能により、ジェミノイドの操作者は、モニタを見ながら話すだけで、まるでジェミノイドを自分の体のように遠隔操作できるのである。

これらの機能は、何度も改良され、現在では操作者の声だけから、唇、頭部、体の動き、感情を推定し、ジェミノイドで再現できるようになっている。

このジェミノイドを使った講演は多くの人の注目を集め、国内外の有名な研究組織や国際会議から数多くの招待を受けた。

図1−3は、海外の展示会場で講演をするジェミノイドの様子を示す。このジェミノイドは第四代のジェミノイドで、HI−4と呼ばれる。

図1−3　遠隔操作アンドロイド「ジェミノイドHI−4」

HI−4の特徴は、図に示すように、三つのパーツに分解して、簡単に持ち運べるようになっていることである。二つの大きいケース(それでも通常の手荷物として飛行機の預け荷物にできる大きさであるが)には、HI−4の上半身と下半身が梱包されており、右端の小さいバックパックには、HI−4の頭部が梱包されている。ジェミノイドの頭部には、一五本以上のアクチュエータ(筋肉に相当するもの)を用いた、目の動きや表情を作り出す非常に複雑なメカニズムが仕込まれている。そのため非常に壊れやすい。

飛行機の預け荷物にすると、乱暴に扱われ壊れる可能性があるので、手荷物として機内に持ち込む必要がある。

初めてジェミノイドの頭部を機内に持ち込んだときの緊張感は、今でも覚えている。空港の手荷物検査をジェミノイドの頭を抱えながら通過しなければならなかったのだが、手荷物検査のX線装置にどんな映像が映し出されるか、ドキドキしながらモニタを眺めていた。案の定モニタには、人間の頭蓋骨とその中の怪しいメカが明確に映し出されていた。当然検査官は、荷物を開けるように要求してきた。検査官もおそらく、とんでもない物を持ち込むやつがいると思ったに違いない。実はおそらくそのようなことになるだろうと予測して、それがジェミノイドというロボットの頭部であることを説明する写真や、国際的なメディアで取り上げられたときのニュースの映像を準備していた。怪しい手荷物を開封するとともに、検査官にはそれらの写真や映像を見せて説明をしたら、すぐに理解をしてくれて、特に特別な調査をすることもなく、手荷物検査場を通過させてくれた。

ジェミノイドに関する講演では、こうした面白い話は枚挙にいとまがない。それは、いかに人間に酷似したロボットが、人々の興味を惹《ひ》くかということであり、いかに私たち人間が、人間に興味を持っているかということでもある。

アイデンティティとは何か

ジェミノイドを使った講演で感じた最も興味深いことの一つは、自分のアイデンティティとは何かという問題である。

ジェミノイドを使った講演は、常に非常に喜ばれる。特に最初のうちは、私自身とジェミノイドが講演を行っていたのであるが、慣れてくると、ジェミノイドだけでするようになった。そうなると、講演依頼者には、私本人の講演を希望するか、ジェミノイドの講演を希望するかを尋ねることになった。その結果、ジェミノイドの講演のほうの人気が高かった。

私に講演を依頼する人の多くは、私自身よりも、私が開発したロボットに興味を持つ人が多い。それゆえ、ジェミノイドを間近で見られる、ジェミノイドによる講演が好まれる。ジェミノイドが講演すれば、講演も聴けるし(質問は遠隔操作で私が答える)、ジェミノイドも間近で見られるのである。一方、私が講演すれば、講演しか聴けない。海外での講演においては、特にジェミノイドを希望する傾向が強い。私自身の旅費(飛行機代や宿泊費など)よりも、ジェミノイドの輸送費のほうが、はるかに安いということもその理由の一つになっている。

このことは私にとっては、かなり悩ましい問題であった。

〈自分のアイデンティティとは何か〉

という問題に直面したのである。人間にとってアイデンティティは大事であると言われるが、そのアイデンティティが自分にはなく、自分が開発したロボットにあるように思えたのである（今でもそのように思っているのだが）。

同時にこのときに気づいたのが、これこそが、

〈人間に酷似したロボットを開発することの意味は、それにより人間を深く理解すること〉

であるということだ。

人間は表面的な形状だけでなく、その中身も重要である。ゆえに、見かけだけを誰かに似せても、その人になることはない。しかし、実際に人々は、その見かけをものすごく気にかける。ジェミノイドの場合は、自らが講演したり、私が遠隔操作で話しをしたりするので、厳密には見かけだけではないのだが、それでも人々は、ジェミノイドが私に似ていることにこだわる。

アイデンティティとは、社会における自らの存在価値のようなもので、社会の中で生きる人間にとっては非常に重要である。しかし、そのアイデンティティが自分に似たロボットの存在によって、いとも簡単に揺らいでしまうのである。

アイデンティティという人間にとって重要な問題が、ロボットの存在によって揺らぐということは、今まで理解することが難しく、認知科学や心理学の研究の対象にもなってこなかったアイデンティティについて、ロボットを通して研究できる可能性があるということである。これが、ロボットを用いた人間理解の醍醐味である。

ロボット社会

このようなロボット研究を通して実現したいのが、図1-4に示すロボット社会である。正直に言えば、最初から図1-4に示すようなロボット社会の実現をめざしていたわけではない。実際に、このような社会を実現できるかどうかは確信がない。一人でできることではないし、そもそも未来に起こることを予測することは本来不可能である。

人と関わるロボットの研究を始めてしばらくしたころは、まだどんな未来社会が創造できるのか確信もなく、人と関わるロボットの研究の重要性をなんとなく感じながら、研究に取り組

図 1–4　ロボット社会(イラスト：園山隆輔)

んでいた。

そうしたときに、パソコンの父と呼ばれるアラン・ケイ氏に会う機会があった。当時、アランは京都大学のプロジェクトに参加しており、京都で講演をしていた。私はその講演に出かけていったのであるが、どうしても聞きたいことがあり、講演の後で質問をした。聞きたかったことは、アラン自身がパソコンの未来が来ると思って、パソコンの研究開発に取り組んでいたのかということである。不確実な未来にどうやって情熱を注いできたのか知りたかったのである。私が聞いたのは、「パソコン社会の次には、ロボット社会が来ると思うのですが、あなたはどう思いますか？」というような質問だったと思う。そしたら、アランはその質問を聞いた途端に、すぐに次のように答えた。「君はクリエイティブな人間だろ。だったら未来は自分で実現するものだ。人に聞くものではない」。

このアランの言葉で目が覚めたような気がした。未来は予測不可能で、未来がどうなるかは誰も知らない。しかし、未来は技術者をはじめとする、クリエイティブな人間の力によって創られていく。すなわち、クリエイティブな人間の思い描く未来が、その人間の数だけあり、その一つが実現して未来になるということである。ゆえに、

〈クリエイティブな人間は創りたい未来を自分で想像し、その実現に向けて努力する〉。

これが、クリエイティブでありたいと思う自分が、未来に向けて自信を持ってできることであり、そうすべきことなのだと確認した。

それ以来、図1-4に示す未来を創るために研究していると、自分を説得するかのように、講演などで話すようにしている。

〈未来は予測するものではなく、創造するものである〉

このことが、クリエイティブな研究者や技術者には最も大事な教えだと思う。その思い描いた未来が実現できるかどうかが重要なのではなくて、それに向かって活動をしているかどうかが大事なのだ。

なぜ人間型ロボットが必要なのか

私がこれまで開発してきたロボットは、どれも人間に似たロボットである。少なくとも、工場で働いているマニピュレータや自動搬送車のようなものではない。人と関わることを目的に開発された、人間にそっくりのロボットだったり、人間と違っても、顔や手があったりするロボットである。

では、なぜ人と関わるロボットは、このような人間型でないといけないのか？　その答えは、

〈人間は人間を認識する脳を持つ〉

からである。

人間の脳は、どのように進化してきたのだろうか。もちろん、様々な道具を使えるように進化しているのであるが、それ以前に、人どうしで対話したり、協力し合ったりするために、脳が進化してきたことは明らかである。昆虫や動物を見ればさらに明らかで、道具は使えなくても、同種間でコミュニケーションをすることができる。それゆえ人間においては、その脳を、

人間を認識し、人間とコミュニケーションをするために進化させてきたと言える。

ではその前提において、人間にとって最も理想的なインターフェースとはどんなものだろうか？

それは人間である。人間が最も関わりやすいものは人間なのである。ゆえに、人間と関わるロボットは人間らしくあるべきで、少なくとも部分的には人間らしい機能を持つ必要がある。そうでなければ、そのロボットを利用する人間は、ロボットの使い方をかなり努力して学ぶ必要がある。

そして、また一方で、

〈人間らしいロボットは、人間を理解するテストベット（研究材料）になる〉。

その人間らしいロボットと関わることによって、そのロボットと十分自然に関われるかどうか評価することができるのであるが、その関わり方が人間らしかったとすると、そのロボットには人間らしさの何かが再現されていることになる。すなわち、その人間らしさの秘密はロボットに実装されており、ロボットを分解して中身を見ることによって、人間らしさの秘密を知ることができるのである。これが、人間らしいロボットを用いて人間を理解するということである。

知的システム実現のための構成的方法

このような人間に似たロボットを用いて、人間を理解する研究の方法は、「構成的方法」と呼ばれる。その概念図を図1-5に示す。

構成的方法の反対は、「解析的方法」である。解析的方法において、例えば人間のようなロボットを開発するとしよう。まずやるべきことは、徹底して人間を調べることである。人間を完全に調べきった後で、その知識をもとにしてロボットを組み立てる。しかし、人間をそう簡単に調べきることはできない。人間そのものを理解することは、多くの研究分野の目的であり、いまだほとんど解かっていないと言っても過言ではない。

例えば、脳の機能について言えば、脳の各部位の機能は徐々に解かってきたのであるが、全体としての働きはまだほとんど理解できていない。その一つの例が意識である。意識はどのような仕組みでもたらされるのか、ほとんど理解ができていない。それゆえ、解析的方法では、意識を持つようなロボットは造ることができないし、意識ほど複雑でないものでも、その仕組

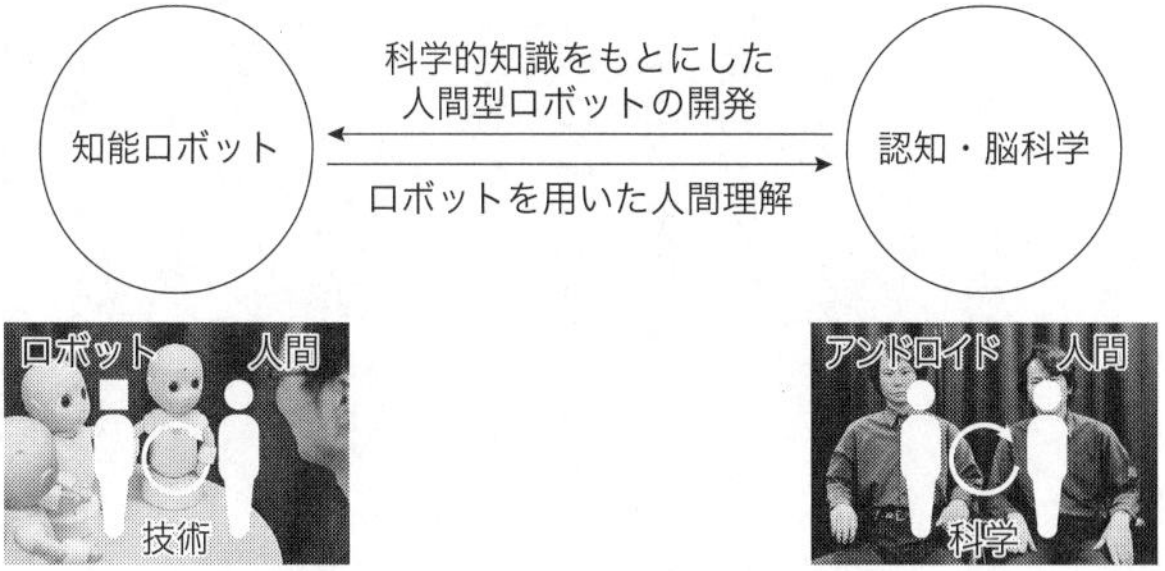

図 1–5　構成的方法

みは完全に理解されておらず、解析の結果をもとにロボットを造るということは難しい。

一方で、人間の精緻《せいち》な解析結果にもとづかずとも、人間のように振る舞うロボットを造ることはできる。人間とは構造が異なっていても、人間らしく二足歩行するロボットは実現されている。そうしたロボットの開発においては、必ずしも完全に人間の二足歩行の原理を理解している必要はないのである。いまだ人間の二足歩行は完全に理解されていない。私たちの知らない多くの性質がある。しかし、技術や経験によって、人間の二足歩行の原理を完全に理解していなくても、また人間の二足歩行と多少異なっても、実際に二足歩行できるロボットを造り出すことはできている。

このようにして、いったん、技術や経験によって二足歩行を実現してしまうと、今度はそれをもとに、人間の複雑な二足歩行について理解を深めることができる。その二足歩行ロボットを使って、二足歩行に関する様々な仮説を検証したり、より効率的に歩くことができる二足歩行ロボットに改良したりすることで、人間の二足歩行の真のメカニズムに近づけることができる。すなわち、

〈ロボットを開発することで、人間を理解するということができる〉

のである。このように、工学的方法によって、複雑なものを構成し、それをもとに複雑なものの原理を理解する研究方法が構成的方法である。

脳全体や体にも関わる複雑な機能は、従来の解析的方法では、理解が非常に難しい。一方で、構成的方法を用いれば、複雑だが誰もが知っている基本的な人間の機能について、実際にロボットを造ってみることで理解を深めることができる。近い将来、ロボットがより進化し、人間のパートナーとなって働く世界を実現するには、知能や意識や感情といった人間の基本的な機能は非常に重要になる。構成的方法を用いれば、それらについて理解を深められる可能性がある。

ちなみに、このような構成的方法にもとづく研究開発は、人と関わるロボットに限ったもの

ではない。

〈世の中の最先端の多くの研究開発が、むしろ構成的方法で研究開発されている〉

と考えられる。

例えば、スマートフォンのデザインはどうであろうか？

人間の認知機能を精緻に解析して、その結果得られた知見をもとに、スマートフォンはデザインされたのだろうか？　そうではない。直感の優れた技術者がひらめきをもとにデザインし、実際に商品として売り出したら爆発的に普及したということだろう。そして、普及した後になって、多くの研究者が、なぜ今のスマートフォンのデザインが、人を惹きつけるかを研究している。これはまさに構成的方法そのものである。ひらめきでデザインされた人を惹きつけるスマートフォンと、それをもとにした人間の性質の理解である。

人間は様々な人工物を利用する。そうした人工物は、人間が利便性を感じ、人間能力を拡張するように作られている。しかし、私たちはまだ人間について完全な知識を持たない。それゆえ、経験やひらめきにより、えいやっと製品を作り出し、その製品が多くの人に受け入れられ

た後に、人間の性質を反映しているものとして、その製品を通して人間を理解する。言いかえれば、

〈産業が先に興り、人間理解は後追いである〉

ということになる。

研究開発が産業に先行すると考える人は多い。特に研究者や政府の役人は研究の重要性を、それが産業を興すためだとする。もちろんそうした事例は少なからずある。しかし、重要なのは、新しい発明や創造の多くは、経験やひらめきによってもたらされていることである。ノーベル賞を受賞した多くの発明も同様である。

物事を深く理解する解析的方法は、特に学問として重要である。一方で、新たな発明や発見は構成的方法でもたらされていることが多い。今後の研究において、研究者はより強く、構成的方法を意識すべきではないかと、私は考えている。

もう一つ、構成的方法で得られた発明について話しておきたい。それはインターネットである。インターネットの原型は、米国の軍事防衛ネットワークであるアーパネットである。アー

パネットを開発していた研究者は、軍事防衛ネットワークの機能を開発するかたわら、電子メイルを交換したり、ホームページ(厳密にはその原型となったもの)で情報を共有したりしていた。これらは研究者のひらめきによって作られたものである。

しかし、電子メイルやホームページは、軍事防衛ネットワークの機能をはるかに超えて、世の中を作り変えてしまった。そして、その直後に、情報学が生まれ、今や情報学に関わる研究科は、世界の主だった大学のすべてに設置されている。

ロボットを用いた人間理解の研究

図1-6に示すように、従来のロボットの研究は、メカニクス、マニピュレータ、センサ、画像認識、音声認識などの、要素技術の研究開発が中心であった。これらの研究は特に、ロボットの利用目的が明確で、その作業範囲が厳密に限定されている産業用ロボットなどには非常に有用なものであった。特に日本ではこれらの要素技術の研究開発が盛んで、それらの研究開発は、日本の産業用ロボットの地位を世界一にまで押し上げた。

従来これらの要素技術の中で環境を限定できる場合は、それに対応できる画像認識技術を開発できたが、より広く、より一般的な環境で動作する画像認識や音声認識の技術はなかった。

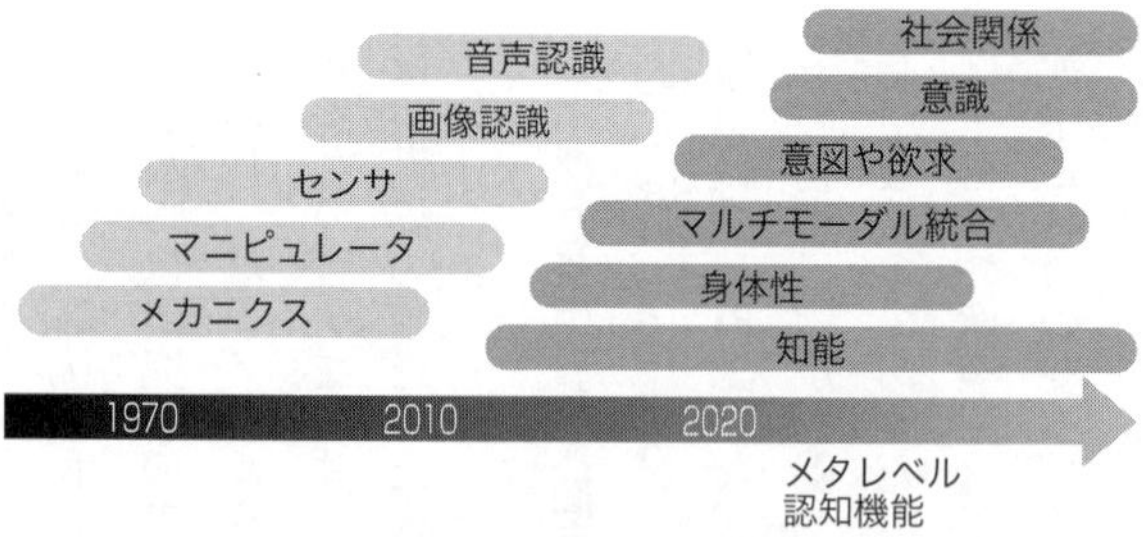

図1-6　ロボット研究

それゆえ、ロボットの利用場面は、産業用ロボットにおおむね限定されていたのである。

しかし、これらの技術も、二〇一二年ごろから普及し始めたディープラーニング（深層学習）によって、飛躍的にその性能が向上した。より一般的な状況で撮影された、より複雑な画像を人間並みかそれ以上の精度で認識できる機能が実現されたのである。音声認識においても、従来は非常に限定された単語や短い文を認識するに留まっていたが、ディープラーニングにより一般的な状況で人間に近い、単語や短い文の認識ができるようになり、実用性を大きく高めた。

すなわち要素技術の研究開発において、ボトルネックであった画像認識や音声認識の技術が、一定のレベルで確立され、次の研究開発のフェーズに入れるようになった。

その次のフェーズというのは、知能や意識など、人間のようにメタレベル（高い次元）の認知機能を持つロボットの研究開発である。先に述べたように、人間にとって最も親和性の高いコミュニケーション相手は人間であり、ロボットも人間に近づくことが期待されている。人間のような知能や意識を持つロボットが実現できれば、今以上に人間とロボットが親和的な関係を築けるようになることは間違いない。

そのようなメタレベルの認知機能の中で、今後数十年において盛んに研究されると思われる機能について少し議論しておこう。

知　能

まずは、「知能」である。二〇一二年ごろからディープラーニングが普及し始めて、ＡＩブームが巻き起こっている。しかし残念ながら、ディープラーニングで実現される知能、いわゆるＡＩと、人間の知能はまったく異なる。

囲碁や将棋のように、問題を解く環境やタスクを限定すれば、大量のメモリと膨大な計算能力を用いて、あらゆる手立てを調べ尽くすことができるＡＩは、人間をはるかに凌駕《りょうが》する。しかし、その仕組みは、人間の知能とは異なる。例えば、人間は数十枚の猫の画像を見せるだけで、猫を認識できるようになるが、ＡＩは数十万枚かそれ以上の画像を必要とする。両者は、かなり異なる仕組みで学習しているのである。

ディープラーニングで用いられるニューラルネットワークは、人間の神経回路を模倣して設計されており、その意味では、根本的な仕組みは似ている。しかし、ただそれを単純にたくさん集め、階層的に配置したディープラーニングと人間の脳の構造はかなり異なっている。人間は非常に複雑な脳の構造を生まれながらに持っており、それにより、非常に少ない数の画像で、例えば猫を認識できるようになっているのである。

ディープラーニングは、画像認識や音声認識の問題を解決し、人間のようなロボットの実現に大きく貢献した。しかし、人間の脳の構造を模倣し、人間の知能を実現しているわけではない。人間の知能の本質に迫るのは、これからである。私たちはこれから、

〈人工人間知能〉

の研究開発に本格的に取り組まなければならない。

身体性

知能に続いて重要な問題が、身体性である。身体性とは、体を持つことの意味や体と脳の関係を意味する。

今のAIにはコンピュータが使われているが、そのコンピュータとロボットの違いは、体を持つかどうかである。ロボットは、体を使って移動したり作業したり、身振り手振りで、人とコミュニケーションをとることができる。

この体というものは、どのように定義されて、どのようにその知能に影響を与えるのだろうか？

体の最も解かりやすい定義は、手足のように直接物理的に制御可能なもの、である。しかし、この定義はさらに拡張できる。例えば、自分の体にくっついていた手が、体から離れても自分の意図通りに動いてくれれば、その体から離れた手であっても自分の体の一部に感じるだろう。では、その体から離れた手が、手だけではなく、体や手足を持って、まるで自分の分身のように働いてくれたらどうだろう。それでも、人間はその分身を自分の体の一部のように感じるかもしれない。多くの人を統率して会社を運営する経営者の中には、そのような感覚を持つ人もいるだろう。どのように体を定義すればいいのか。その結果、どのような知能がロボットにもたらされるのかは、非常に興味深く、重要な問題である。

そうした体を、人間はその知能を高めるためにどのように使っているのだろうか？

体の最も重要な意味は、環境と直接関わることができ、環境の構造に応じて行動できるということである。動物も人間も、進化の過程で体を環境に適応させてきた。それぞれが住む環境において、都合のよい体を手に入れてきたのである。ここで都合がいいというのは、いちいち環境をていねいに観察し、どのように行動すればいいか深く考えなくても、その体を適当に動かすだけで、なんとなくうまく行動できてしまうということである。動物を見ればそれは一目《いちもく》瞭然《りょうぜん》で、水中に棲《す》むものは、水中を移動するのに適した体を持ち、陸上に棲むものは、陸上を移動するのに適した体を持つ。そして空を飛ぶものは、飛ぶことに適した体を持っている。

人間の体も同様に、人間の住む環境に適するように進化してきた。いろいろな物を手で持ちながら自由に歩き回るのに、非常に都合のよい体になっている。そしてそのような体を持つがゆえに、脳でいちいち深く考えなくても、歩き回ったり、物を持ち上げたりすることができる。

また一方で、人間はその体に適するように、住む環境を作り変えることもでき、体に合った家や家具を作って日常的に利用している。例えば、ドアノブは、それをどのように摑《つか》むのかいちいち考えなくても、誰でも簡単に摑める形状になっている。誰もが瞬時にドアノブを摑んで、ドアを開けることができるのである。これは「アフォーダンス」と呼ばれる。環境の構造に応じて、瞬時に反射的に行動できることを、環境が動作をアフォードする（誘発する）と考えるのである。

むろんこのアフォーダンスとは、環境が人間に無理矢理何かをさせるということではない。人間には、環境の特定な構造に対して、無意識に反応してしまう反射行動がたくさんあり、その反射行動が起動されると、まるで環境によってその行動が誘発されたように感じるということである。

いずれにしろ重要なのは、高度な知覚や思考に頼らずとも、環境に適応した体や、反射行動の仕組みがあれば、複雑な環境で自由に活動できるということである。

〈体が環境との関わりの中で、高度な知覚や思考に匹敵する問題を解いている〉

これが身体を使って行動するということの意味であり、身体性である。またこの身体性は、

〈体は環境という外部記憶にアクセスする手段〉

という考えを生み出す。

人間の体は、環境に適応して作られたり、人間は環境を自分の活動に都合よく作り変えたりしている。そして人間はその環境の中で、反射的な行動をもとに体を動かし、高度に複雑な活動を実現している。すなわち、環境が外部記憶で、体がそこから記憶を読み出し、活動を生み出す装置だと考えることができる。

人間は洞窟に住んでいた時代から、壁画を描いていたが、壁画を描くという行為は環境を作り変える行為であり、またその壁画は人間の行動に影響を及ぼす、外部記憶のようなものである。それがさらに発展したのが、文字や言葉なのだろう。文字や言葉の起源を考えるうえでも、身体性の問題は興味深い。

マルチモーダル統合

マルチモーダルとは、複数のモダリティ(感覚)という意味なのだが、人間型ロボットの場合は、視覚、聴覚、触覚、嗅覚、味覚などの人間が持つ様々な知覚の統合という意味で用いられる。

これまでの研究では、音声認識や画像認識など、特定のモダリティだけに注目した研究開発が行われてきた。そして、研究分野もそうしたモダリティごとに作られてきた。しかしディープラーニングが発案されて、音声認識や画像認識において、音声をテキストに変換したり、画像とテキストを対応づけたりする技術が格段に進歩し、人間並みの性能を実現できるようになった。そのため、研究者の興味も、単一モダリティの研究から、複数のモダリティの研究へと移ってきた。

人間は単一モダリティで世界を認識しているのではなく、常に複数のモダリティを組み合わせていると考えられる。複数の感覚を同時に使うことで世界をありありと認識しているはずである。しかし、まだこの複数のモダリティをどのように組み合わせ、そこからどれほど世界をありありと認識しているのかは、明らかになっていない。

後の章でも述べるが、私は、

〈人間は常に二つ以上の感覚を組み合わせて認識することで、世界の出来事を実感を持って認識できている〉

のではないかと考えている。その根拠は、人間の中脳の上丘《じょうきゅう》という部分に、複数の感覚からの刺激が入力された場合にのみ強く反応する神経細胞があることと、そもそも一つのモダリティの情報だけを知覚しても、「解かった」という感覚は持てないが、同じものに対して複数の感覚で知覚した場合には、「解かった」という感覚を持てるという、自らの実感にある。

一方、工学的にも明らかなマルチモーダル統合のメリットは、学習の効率化にある。マルチモーダル統合の研究が始まる以前の学習研究では、特定の物をロボットに認識させるために、個々のモダリティで認識してから、その認識結果を統合していた。例えば、ロボットと人間が相対して座っていて、間にリンゴとミカンが置いてあるとする。人間はロボットに、リンゴのほうを向きながら「リンゴ」と発音し、ミカンのほうを向きながら「ミカン」と発音する。このとき、ロボットは人間の顔の見え方と顔の向きの関係と、見ている果物の名前を学習する必要がある。

マルチモーダル統合以前の学習研究では、人間の顔の見え方と顔の向きの関係の学習と、果物の見え方(色や形)と発音される名前の関係を別々に学習し、後に統合していた。しかし、この学習を全部同時に行うと、学習の効率が格段によくなることが解かっている。二つの学習では共通の情報が多く利用されており、二つの学習を同時進行で行ったほうが、情報を効率よく利用できるのである。

おそらく人間も、このような複数のモダリティを同時に認識しているはずである。逆に人間が日常的な環境で何かを学習する場合、一つひとつのモダリティを別々に認識するような状況を作り出すことは困難であり、複数のモダリティを同時に学習するほうがやりやすい。リンゴを覚えるのに、顔がどのような見え方をし、その方向にリンゴと呼ばれる赤い物体があるか、まとめて学習している。なおかつ人間の場合は、それに触ったり、匂いを嗅《か》いだり、味わったりして、二つ以上のモダリティを組み合わせて学習している。

このようなロボットのマルチモーダル統合の研究は、ロボットをより人間に近づけ、人間と同様に効率的な学習機能を実現するために、非常に重要なのである。

意図や欲求

知能、身体性、マルチモーダル統合は、知的なシステムにおける言わば基礎的な研究開発である。こうした基礎的な研究のうえで実現すべきなのが、意図や欲求である。自律的に行動するロボットを実現するなら、その自律行動を引き起こす、意図や欲求を持たせる必要がある。しかしながら、これまでのロボット研究は、ロボットに意図や欲求を持たせるまでに至っていない。

意図や欲求をロボットに持たせるには、むろん細心の注意が必要になる。SF映画にもあるように、ロボットに社会的に許されない間違った意図や欲求を持たせると、人間に危害が及ぶ。一方で、人間に親和的に関わり、人間を支援するような意図や欲求を持たせることができれば、人間は安心して関わることができる。

このロボットの欲求をどのように設計するかは、未解決の問題である。人間は生物であるがゆえに、最初から個体保存の欲求と、種族保存の欲求を持っており、それらの欲求に従って行動している。しかしロボットは、必ずしもそれらを持つ必要はない。

かの有名なロボット三原則(3章)によれば、ロボットは人間の命を自らの命よりも優先しなければならない。しかし、このロボット三原則はたいていの製品に当てはまる曖昧《あいまい》な原則でもある。果たしてこのロボット三原則に従った設計方針で、適切に活動するロボットは実現できるのだろうか？　本当に有効性のあるロボット三原則は、ロボットの実用化に伴いながら、慎重に設計する必要がある。

このロボットの欲求の設計方法、そして、その欲求から生まれる意図の設計方法については、後の自律アンドロイド「エリカ」に関する4章で議論する。

意識

意図や欲求を持つロボットが実現できれば、そのロボットとの関わりを通じて、多くの人はロボットに意識を感じるようになると想像する。

意識には、三段階あり、それらは、覚醒《かくせい》しているという医学的意識、夕日を見て感動する自分に気づくという現象的意識、自分という存在を認識するアクセス意識の三つである。覚醒しているという医学的意識は、ロボットが活動していれば、それだけで多くの人は感じることができる。しかし現象的意識は、かなりやっかいである。本当に感動しているのか、感動している振りをしているだけなのか、外からの観察だけでは判別が難しい。ただ、それがロボットであっても感動している振りをすれば、かなりの人が、ロボットが感動している、きっと人間のような現象的意識を持っているに違いない、と考える可能性はある。

そして、最も難しいのが、自分という存在を認識するアクセス意識、すなわち、自我である。これも現象的意識に似たようなところがあり、本当にアクセス意識を持っているのか、単に持っているような振りをしているのかは、外からは区別がつき難い。そのロボットが「私は」という言葉を使えば、いかにも、アクセス意識を持っているかのように感じてしまう。

このように、現象的意識やアクセス意識は、本当にそのロボットが持っているのかどうかを確かめることは難しい。しかし、意図や欲求を持ち、「私は」と話してきたり、欲求が満たされれば喜んだりするロボットを相手にすれば、多くの人は、そのロボットに意識を感じるわけで、まずは、そうした人に意識を感じさせるロボットを実現し、そこから本当の意識研究に取り組んでいくべきであろう。

社会関係

そして、意識を感じることができるロボットは、人間とも人間らしい関係を築くことができると想像する。

人間は日常生活において、他者の意識を感じながら、人間関係を構築していく。意識を感じない相手には注意を払わない。ゆえに、意識を感じるロボットは人間と同様に、人間と社会関係を形成することができるはずである。

そうして、人間とロボットが互いに社会関係を築くことができるようになって初めて、ロボットは人間社会の一員となり、他の人間と同様に人間にサービスを提供できるようになる。

そうなれば、私たち人間はロボットと非常に親密な関係を築ける可能性があり、親密な関係にある者には、自分と同じような権利を与えたくなるかもしれない。

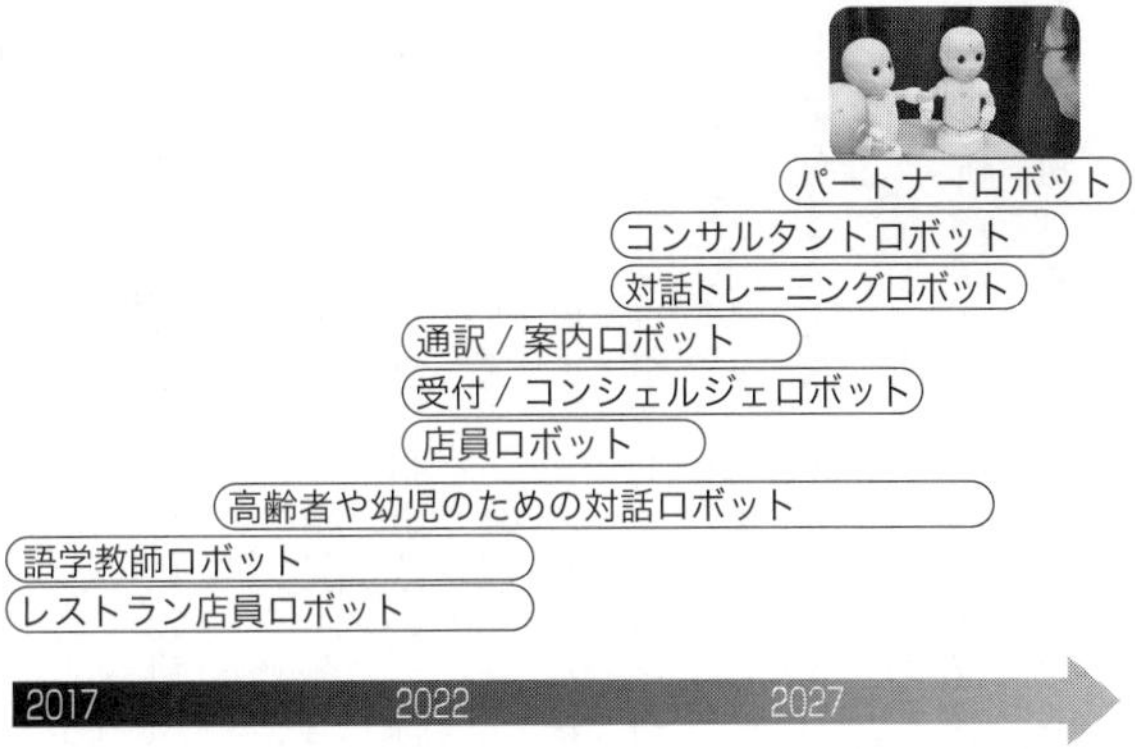

図 1-7　ロボット開発のロードマップ

そのようなロボットに権利を与えたくなるような社会が、いつ訪れるのかは解からない。しかし、ロボットに強い思い入れを持つ人は今でも少なからずおり、今後、ロボットの機能が進化するとともに、ロボットに権利を与え、人間と同様に扱いたいと思う人は増えるだろう。

ロボット開発のロードマップ

メタレベルの認知機能の研究開発の一方で、重要なのが実際に社会の中で働くロボットの実現である。図1-7は、私の研究室でのロボット開発のロードマップを示している。まず単一の人間らしいサービスを提供できるロボットが実現される。例えば、レストランでの対話サービスを行うロボットや、語学を教えるロボットである。これらのロボットは、現時点ですでに実現している。
高齢者や幼児を対象にした対話ロボットは、二〇二一年現在、まさに研究開発が盛んに行われている。単なる情報提供だけでなく、雑談するなどして、相手を元気づける能力も必要となる。

さらにその先には、通訳／案内ロボットや、受付／コンシェルジェのロボットが実現でき、最終的には、人間に付き添い、様々なサービスを提供できる、パートナーロボットが実現できると期待している。

人と関わるロボットの究極の姿は、執事のように人に寄り添い、様々なサービスを提供してくれるようなロボットになるだろう。人が最も関わりやすく、最も頼りにしやすいのは人である。近い将来、人と関わるロボットの性能がさらに向上すれば、多くの人が頼れる相談相手や、頼れる執事として、パートナーロボットを利用するようになると想像している。

図1-8は、メタレベルの認知機能とロボット開発の関係を表す。知能、身体性、マルチモーダル統合は、いわゆる基礎技術である。これらの技術の研究開発が進み、ロボットが人間らしい複雑なタスクを複数こなせるようになると、それらを自律的に切り替えて行動する機能が必要となる。それが意図や欲求である。人間が自らの意図や欲求にもとづいて行動を決めるよ

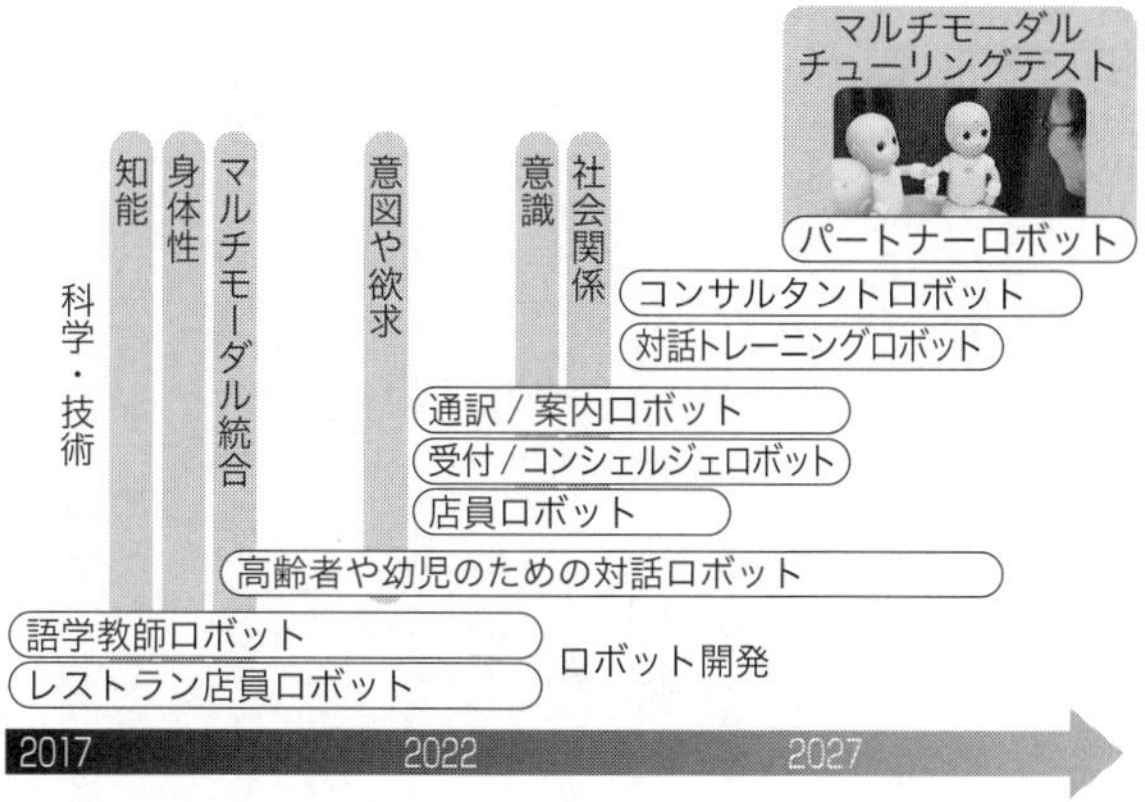

図 1-8　メタレベルの認知機能とロボット開発

うに、複数の目的を持てるロボットは、どの目的に向かって行動すべきかを、自らの意図や欲求で決める必要がある。

むろん、ロボットの持つべき意図や欲求は、人間にサービスを提供し、人間を快適にするというものでなければならない。いずれにしろ、ロボットが自らの意図や欲求に従って、複数の目的を持って行動するようになると、その性能や人間らしさは格段に高くなり、ロボットを利用する人々は、自然とロボットに頼るようになる。複数の仕事をこなせるロボットに、気軽にいろいろな仕事を頼むようになるのである。

そうして人間とロボットの間で信頼関係が築かれると、おそらく人々はロボットに人間に似た意識を感じるようになる。そして意識を感じる相手とは、社会的な関係を持つようになるというのが、私の予測である。人間と社会的な関係を持つロボットは、もはや単なるロボットではなく、人間にとってのパートナーになると期待される。

マルチモーダルチューリングテスト

コンピュータと人間を比べるテストを、「チューリングテスト」と呼ぶ。チューリングテストは、計算機の原理を発明したアラン・チューリングが発案した。コンピュータの利用者が、コンピュータのチャット機能で、誰かと話しをしているとしよう。その際、チャットの相手が別のコンピュータなのか、人間の操作者なのか区別がつかなくなったとき、その別のコンピュータの知能のレベルは、人間に等しいと認定するテストである。

このチューリングテストは、ＡＩの教科書では必ず紹介される有名なものである。しかしながら、このテストでコンピュータの知能のレベルが、人間レベルであるかどうかを厳密に判定することはできない。例えば、人間が行うようなタイプミスをわざとするようにコンピュータにプログラムすると、それによって、利用者は人間らしいと勘違いする。

このようにチューリングテストでは、厳密にコンピュータの知能のレベルが人間と同等であるかどうかを判定することは難しいのであるが、一方で、その方法は非常に簡単で直感的にわ

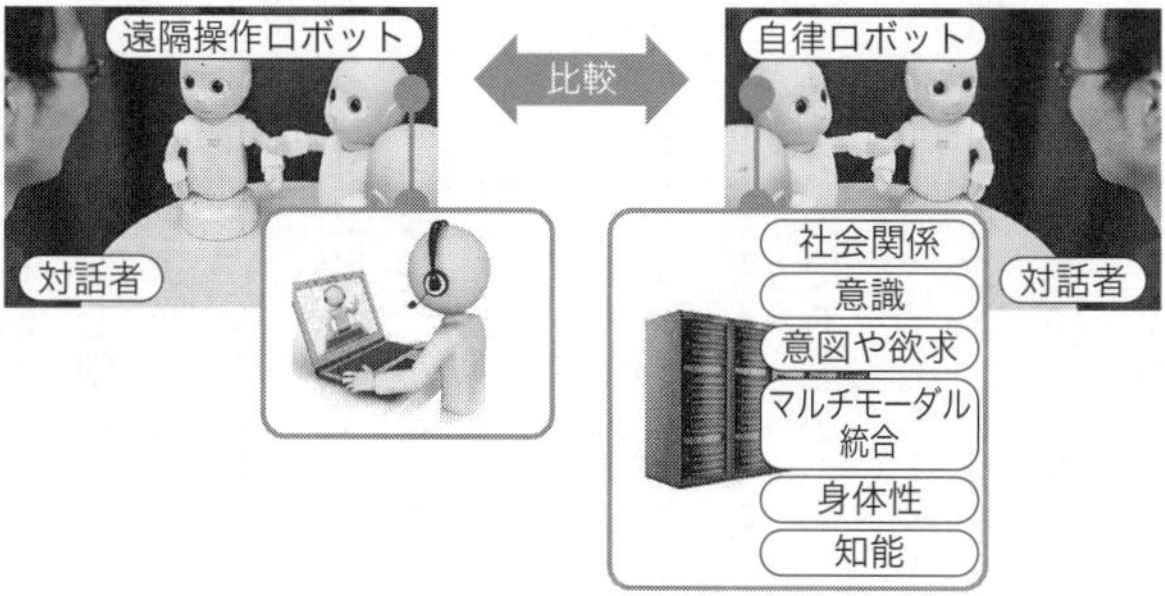

図1–9　マルチモーダルチューリングテスト

かりやすい。

私たちの研究でも、このチューリングテストを拡張した、「マルチモーダルチューリングテスト」を定義し、それによって、ロボットの人間らしさの評価を試みている。図1–9に、その様を示す。

ロボットの人間らしさを評価する拡張されたチューリングテストは、元来、トータルチューリングテストと呼ばれる。まず、そのトータルチューリングテストを紹介しよう。トータルチューリングテストとは、目の前にいる非常に人間らしいロボットと対話した際に、そのロボットがロボットであると気がつかないという状態である。

いくら人間そっくりのロボットであるアンドロイドの技術開発が進んできたと言えども、このようなトータルチューリングテストを、パスできるようなレベルには到達していない。アンドロイドを近くで目にすれば、その皮膚が人工物であることはすぐに解かる。

むろん、少し離れた場所から観察すると、その判別は非常に難しい。以前、遠隔操作のアンドロイドを薄暗いカフェにおき、研究室のスタッフが、そのアンドロイドと話しをしていた。そうしたら、丸一日誰もそれがアンドロイドであることに気がつかなかった。アンドロイドが日常生活の場面にいたら、どれくらいの人が気づくかという実験だったのだが、気がつく者は一人もいなかったのである。人と話しているアンドロイドの場合は、周りから観察する者は、人間と話しをしているのだから、人間に違いないという先入観を持って、観察していたと思われる。

しかし、アンドロイドを目の前にして、自分で対話すれば、すぐにそれがロボットだと気がつく。もっともそれでも、そのロボットと、まるで人間と話しているかのように対話することはできるのであるが。

人間とまったく同じ材料で造らない限り、人間とまったく見分けがつかないアンドロイドを造り上げることは不可能だと思われる。ゆえに、トータルチューリングテストに合格できるアンドロイドとは、生体材料で造られたアンドロイドということになり、現在の技術では実現不可能である。クローン技術に等しい技術が要求される。

一方で、人間はロボットの見かけが厳密に人間そっくりであることに、それほどこだわらない。アミューズメントパークの着ぐるみのキャラクターは、見かけは人間ではないけれども、十分に友だちになれると子どもたちは感じているはずである。後で述べる私たちの研究でも、かなりの高齢者が人間と話すよりも、ロボットらしいロボットと話すのを好むことが解かっている。

すなわち人間のパートナーとなる条件は、見かけも含めて厳密に人間らしくあることではなく、人間を相手に対話するように、対話できることである。この人間を相手に対話できるかどうかを確かめるテストを、マルチモーダルチューリングテストと呼んでいる。

マルチモーダルチューリングテストは、従来のチューリングテストと異なり、多様なモダリティを通して人間らしさを表現している、ロボットの人間らしさを評価するテストである。多様なモダリティとは、話す言葉、視線の動き、表情、ジェスチャーなどである。図1-9に示すようなかわいい形状をしているロボットであっても、擬人化しやすい（頭や手があって人間のように見える）ロボットであれば、そのような多様なモダリティを使いながら、人と対話することができる。

この点が、トータルチューリングテストと異なる。人間と区別がつかないアンドロイドをめざすのが、トータルチューリングテストである。一方で、マルチモーダルチューリングテストは、人間と同様に対話し、関わり合うことができるロボットをめざすテストである。

マルチモーダルチューリングテストは、具体的に言えば、

〈人間による遠隔操作と、コンピュータによる制御の比較〉

になる。

図1-9に示すように、そのロボットが人間の操作者によって遠隔操作されているのか、コンピュータによって制御されているのかが、区別がつかなくなったとき、コンピュータによって制御されるロボットは、人間と同程度に関わることができる、人間らしいロボットになったと認められる。私の研究グループでは、このマルチモーダルチューリングテストをパスできるロボットの実現をめざして、研究開発に取り組んでいる。

続く章では、これまでに開発したロボットやアンドロイドを紹介しながら、人間と社会の本質にどのように触れることができるか述べていく。

2章　対話ロボットとロボット社会

対話サービスロボット

人と対話しながらサービスを提供するロボットの研究開発は、二〇〇〇年の少し以前から、私たちが世界に先駆けて取り組み始めた。図2－1に示す日常活動型ロボット「ロボビー」と名づけられたロボットを用いて、人と関わるための機能の開発に着手した。そのころ世界でも類似のロボットの研究開発に興味を持つ研究者が、何人も現れてきており、それらの研究者とともに国際会議(International Conference on Human-Robot Interaction)を立ち上げたりして、研究分野を確立してきた。

そうした日常活動型ロボットの研究開発は、二〇一二年ごろから普及し始めたディープラーニングによって実用化の可能性が大きく高まった。日常活動型ロボットの実用化におけるボトルネックは、音声認識や画像認識の機能の低さにあった。それらの機能は人間と比べてはるか

図2-1　日常活動型ロボット「ロボビー」

に未熟で、人間が認識できるものを人間並みに認識できないために、人間との意思疎通が非常に限定されていた。

またロボットは、動き回りながら、瞬時に環境の中の物体を認識したり、人の声を認識したりする必要があるのだが、実時間で(動きに支障がない程度の速さで)処理できる情報はさらに制限される。実際にロボットが実時間で認識できたことは、色や単純な形状情報をもとに、物体や人間を認識したり、ロボットの正面にいる人が発話する、限定された数の単語を認識したりする程度であった。

それが、ディープラーニングの発明により飛躍的に発展した。音声信号をテキストに変換したり、画像に映し出されているものを、その名を表すテキストに変換したりすることは、人間並みにできるようになった。ボトルネックと考えられていた、音声認識や画像認識の問題が解決できるようになったのである。

むろんだからといって、ロボットが人間同様に人の話す言葉の意味を理解し、目の前で起こっていることの意味を説明できるわけではない。人間の知能の謎は、いまだほとんど解明されていないと言っていいだろう。しかし、音声や画像をテキストに変換し、コンピュータに取り込めるようになったことは、飛躍的な進歩である。ここから研究がさらに発展していくとともに、目的や状況を限定すれば、人と自律的に対話するロボットを実現できるようになっている。

家庭内対話ロボット

ここからは、すでに実用化されている対話ロボット、実証実験が行われて実用化を目の前にしているロボットについて、いくつか紹介する。

スマートフォンにはディープラーニングの発明以前から、雑談対話エージェントのアプリがいくつもあった。暇なときに話し相手になってくれるエージェントである。しかし大手のソフトウェア企業が開発したものもあったが、広く普及することはなかった。また、雑談対話するロボットも数多く開発され、商品化されたが、それらも、広く普及しなかった。

普及しなかった一番の原因は、音声認識機能の未熟さであろう。特定の単語についてしか、認識することができなかった。また利用者は、かなり意識して明瞭に発話する必要もあった。これらの問題は、ディープラーニングの発明によっておおむね解決し、アレクサやグーグルホームなどの音声対話デバイスが開発され、広く普及してきた。人間の長い発話を認識するのは難しいが、比較的に短い発話であれば、安定して認識できる。アレクサやグーグルホームのようなデバイスだけでなく、キーボードが付属していないテレビでインターネットを使うときの入力手段としても一般的に利用されている。

このディープラーニングを用いた音声認識機能は、対話ロボットにも利用され、対話ロボットは以前よりもはるかに安定して、人の声を認識できるようになり、家庭内で雑談する対話ロボットも開発されるようになった。図2-2は、そうした家庭内対話ロボットの一例である。帰宅すると、家で待っているロボットが「お帰り」などと話しかけてくれる。

図2-2　家庭内対話ロボット

このようなロボットは、一人で暮らす者にとっては、気兼ねなく、さみしさを紛らわしてくれる対話相手になる。特に一人暮らしの高齢者にとっては、ときに家族よりもいろんな悩みについて話しやすい、必要不可欠な対話相手になる可能性がある。

このような家庭内対話ロボットは、今後さらに改良され、徐々に普及していくものと考えられる。むろん、人間のようにあらゆる対話ができるロボットを実現するのはたやすくない。ロボットが対話できる状況は、かなり限定されるだろう。例えば、玄関で出迎えたり、送り出したりするときの対話に特化するとか、朝起きたときの最初の対話に特化するというように、限定された状況で、ある程度人間らしく対話する能力が実装され、それらが徐々に広まって、様々な状況で対話ができるようになっていくと想像される。

ホテル対話サービスロボット

家庭と同様か、それ以上に利用場面として可能性があるのが、ホテルである。ホテルでは、宿泊客のプライバシーを守ることが重要であるが、そうした場面において、ロボットは非常に有効な対話手段となる。

例えば、ホテルの従業員がいろいろと親切に案内をしてくれるのは、ありがたく思う一方で、ときに煩わしくも感じる。早く一人になってリラックスしたいのに、従業員がいると、そうはいかない。そんなときに、ロボットであればどうだろうか。部屋にロボットが置いてあって、必要なときに話しをしたり、案内をしたりしてくれる様子を想像してほしい。実際に試してみると、ロボットの場合は人間の従業員とは異なり、部屋にいてもプライバシーを侵害されている感じがしない。むしろ、さみしさを紛らわせてくれる。

むろん、ロボットが人間そっくりのアンドロイドであれば、受ける印象はかなり異なる可能性がある。しかし、明らかにロボットらしい見かけのロボットが、ロボットのような声で話しをする場合は、プライバシーを侵されていると思うことなく、対話サービスを受けることができる。

〈ロボットは、プライバシーを守らなければならないが、対話サービスを提供した場面において、最適なメディアになる〉

このホテルのロボットについては、大阪大学、サイバーエージェント（IT開発）、東急不動産ホールディングス（ホテル経営）の三者で実証実験に取り組んだ（図2-3）。その結果、プライバシーを侵害することなく、近隣のレストランや観光地の案内ができることを確認できた。

また、ロボットの強みは、多数の言語で話しができることである。現在の技術であれば、三〇カ国以上の言語で対話するロボットを実現することは難しくない。海外からの宿泊客が、最もホスピタリティを感じるサービスとは、自分の母国語で話しかけられることであろう。初めての国に来たとき、何も解からずやっとたどり着いたホテルで母国語で話しかけられれば、大きな安心を感じて、それまでの心配が吹き飛んでしまう。そうした対話サービスができるのがロボットである。

このように、

〈ロボットはホテルにとって、なくてはならない存在になる可能性がある〉。

このホテル対話サービスロボットの実証実験では、もう一つ非常に興味深い出来事があった。対話サービスロボットは、部屋だけでなく廊下にも設置して、廊下を歩く人がいれば、挨拶をするというようにしていた。そうしたら、宿泊客とホテルの従業員を区別できないロボットは、宿泊客だけでなく、ホテルの従業員にも挨拶をしていた。これが従業員には、非常に評判がよかった。ふだん従業員は裏方に徹して、その気配もなるべく消しながら働いている。そうやって宿泊客のプライバシーに配慮している。ゆえに、宿泊客から声をかけられることはほとんどないのであるが、ロボットは、

図2-3　ホテル対話サービスロボット(写真提供：サイバーエージェント，大阪大学)

どんどん声をかけていた。これがうれしかったそうだ。宿泊客の目にとまらないように、部屋の掃除をしたりしているので、誰も声をかけてくれないけれど、ロボットの声かけは、励みになったと言われた。

このような話しは、ホテル以外の場面でも起こりそうである。

〈人に気を遣いながら黙々と働かなければならない場面で、ロボットが働く人に声をかけて、励ます〉

というロボットの役割は様々な場所にあるはずである。

語学教師ロボット

すでに本格的に利用され始めているのが、語学教師ロボットである。語学学習はテキストやマルチメディア教材で学ぶだけでなく、実際にその言語で対話する体験が非常に重要である。

英語の学習においても、演劇など、対話が体験できる学習方法が取り入れられている。また、英語で自由に話せるようになるには、実際に英語を話す人と対話することが必要である。

問題は、対話体験を通して英語を学ぶためには、学習者それぞれに、英語で話す対話相手が必要になることであるが、ここにロボットを用いることができる。ロボットには単なる人間の教師の代理ではなく、人間の教師よりも優れた面がいくつもある。

一つ目は、ロボットは人間よりも話しやすいという点である。英語が未熟な学習者にとって、人間の教師と英語の対話練習をするのは、恥ずかしいものである。誰もが遠慮なく、人間の教師と下手な英語で自由に話せるわけではない。むしろ自由に話せる人は少ないだろう。自分の発音は間違ってないだろうかなどと、いろいろなことを心配して、かなり恥ずかしい思いをして、人間の教師を相手に英語の対話練習をしているはずである。むろん、緊張感を持って対話練習することは大事なのであるが、対話そのものができなくては練習にもならない。一方で、

〈ロボットは非常に話しやすい対話相手になる〉。

図2-4に示すようなロボットらしいロボットを用いると、学習者は羞恥心を感じずに、自由に対話練習ができるようになる。相手がロボットだと解かっているので、人間に感じるようなプレッシャーを感じない。その一方で顔や手を持つ人間に近い見かけを持っているので、対

話相手として自然に受け入れることができるのである。むろんロボットがもっと人間に近づいて、人間そっくりになってくれば、学習者は人間同様のプレッシャーを感じるようになると考えられる。

　語学の学習は、最初はロボットらしいロボットを用いて、徐々にそのロボットを人間らしいものに置き換えていけば、理想的な学習方法になるだろう。

　二つ目のロボットが優れている点は、発音が完璧な点である。コンピュータがネイティブの話者の発音を正確に再現するため、英語ネイティブではない、日本人の英語教師よりもはるかにきれいな発音で話すことができる。

図 2-4　語学教師ロボット

　学習者の発話した英語の認識においても、ロボットのほうが優れている。英語ネイティブの話者から集めた発話データをもとに、ディープラーニングによって作られた音声認識機能を用いれば、いわゆる日本語英語では、認識してくれない。そのため、学習者は正確な発音でロボットに話しかける必要があり、強制的に正確な発音を学習するようになる。対話相手として話しやすいロボットを相手に、正確な発音を繰り返し練習できるのが、ロボットの英語教師の場合のメリットである。

三つ目のロボットが優れている点は、多数の言語を話せることである。例えば、国立研究開発法人情報通信研究機構(NICT)は、三一カ国語に対応した多言語音声翻訳技術を開発しているが、このような機能を用いれば、ロボットは三一カ国語で話しをすることができる。ロボットであれば、日本人だけでなく、数多くの異なる言語を話す人を相手に、教師になることができるし、また、日本人が英語以外の言語を自由に学ぶための教師にもなる。

人間の中にも多言語を話せる人は多いが、せいぜい二、三カ国語しか話せないし、その対話能力も多くの場合、母国語以外は日常対話に限定される。しかし、ロボットは人間よりもはるかに多くの言語で、はるかに多様な場面で対話する能力を持つ。

現在、英語の語学教師ロボットは、高校や学習塾の授業で用いられている。利用方法は、単語の練習などの反復練習が中心で、ロボットの人間らしく対話する能力が活用されているわけではない。音声認識技術はディープラーニングによって格段に進歩したものの、人間同様に対話できる技術はいまだ研究開発の途中である。しかし比較的近い将来において、中学や高校で学ぶ英会話の教師として、十分な対話能力を持つようになるだろう。

高齢者用の対話サービスロボット

語学教師ロボットと同様に実利用が進んできているのが、高齢者用の対話ロボットである。語学の学習者と同様に、高齢者も人と話すのに抵抗を感じる人が多い。後の章でも詳しく述べるが、「テレノイド」と呼ぶ対話ロボット(図2–5)を開発し、高齢者に使ってもらい、アンケート調査を実施したことがある。その結果では、自分の子ども(三〇から五〇歳くらい)よりも、ロボットのほうが話しやすいと答えた高齢者のほうがはるかに多かった(6章)。

人との対話がなくなり、塞《ふさ》ぎ込みがちになる高齢者にとって、対話は重要である。対話を続けることで認知症の予防になるとも言われており、世界中の様々な高齢者施設において、対話ロボットの実証実験が始まっている。

私たちもテレノイドを用いて、日本だけでなく、デンマーク、イタリア、ドイツなど様々な国で実証実験に取り組んできた。いずれの実証実験でも非常に高齢者の反応はよく、施設運営者から高い評価を受けている。

例えば、高齢者施設には歩き回ったり、落ち着きのない行動を取ったりする人が少なからずいる。皆でいっしょにリクレーションする時間に、じっと座っていられずに動き回る人や、何かにいらだち暴力的になる人など、その状況は様々である。そうした高齢者の行動の原因の一つは、自分の意図を伝えられないという、苛立ちだったりする。そのような苛立ちの解消に、対話ロボットは役立つ。

私たちの研究だけでなく、類似の対話ロボットを用いて高齢者の対話を促進する研究は数多くあり、ロボットの商品化も進んでいる。しかし、いまだ十分普及していない。その理由はロボットの価格である。高齢者が対話を楽しめるロボットは開発できても、高齢者施設や高齢者個人が気軽に購入できるほどの価格で販売することが難しい。今後様々なロボットが社会で使われるようになると、高齢者用の対話ロボットの製造コストも下がってくると思われるが、それにはもう少し時間がかかりそうである。

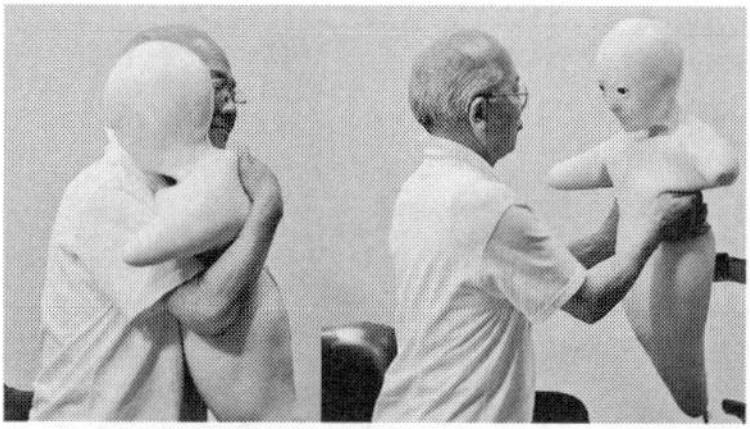
図2-5　高齢者用対話ロボット「テレノイド」

図2-6は、そうした対話ロボットの中で、最も進んだ技術を持つ対話ロボットの一つである。このロボットは、私の研究室で吉川雄一郎准教授を中心に、NTTドコモとの共同研究によって開発された。

このロボットの大きな特徴は、二体のロボットを用いていることである。

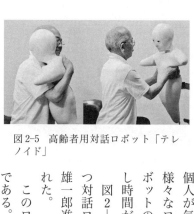

図2–6　高齢者用2体ロボット対話システム

一体のロボットが高齢者と対話する場合、高齢者の発音が不明瞭で、ロボットが聞き取れなかった場合には、対話を継続することが難しくなる。そもそも、高齢者は常にロボットの発話に対して明確に答えを返してくれるわけではない。答えにくい質問に対しては、無言になることもある。そうした場合も、一体のロボットでは対話を継続することが難しい。

しかしそこにもう一体のロボットがあれば、ロボットは高齢者の発話が聞き取れなかった場合や、高齢者が返事をしなかった場合に、そのもう一体のロボットと話しをしながら、対話を継続できる。図2–6の男の子のロボットが、目の前の高齢者に話しかけたとしよう。高齢者がその話しかけに応答しない場合は、男の子のロボットは、隣の女の子のロボットに「あなたはどう思う？」などと話しかけて、対話を継続する。そして再び、高齢者に話しかけて、二人の対話に高齢者が参加するようにうながすのである。

直接ロボットから質問をされると、高齢者も、どのように答えていいか解からない場合がある。そうした場合、ロボットどうしで対話してみせることで、どのように答えればいいか、例を示せる。高齢者が返答しやすい状況を作れるのである。

この高齢者用二体ロボット対話システムには、この他にも、後の章で詳しく説明する様々な技術が実装されている。音声認識なし対話や意図認識なし対話と呼ばれる技術である（7章）。この音声認識なし対話と意図認識なし対話を組み込んだ雑談対話システムは、対話を非常に安定して継続でき、対話そのものが目的であれば、十分に自律的に対話することができる。実際に実験をしてみると、高齢者の中には三〇分くらいロボットと対話を続ける人もいて、対話を楽しんでもらえることが解かった。

ただ、この二体のロボットを用いるシステムは、ロボット二台分のコストがかかる。ゆえに実用化は簡単ではない。そこで認知症の高齢者を対象として、高齢者がどうしても関わりたくなるような非常に安価な対話ロボットも開発されている。それが図2-7の認知症高齢者用対話ロボット「かまって「ひろちゃん」」である。このロボットは、まったく動かないぬいぐるみである。このぬいぐるみの中には小さいパソコンとジャイロ（持ち上げられたことを検出するセンサ）とスピーカーが入っていて、赤ちゃんの声で泣いたり笑ったりする。

赤ちゃんのような形をしたぬいぐるみから赤ちゃんの泣き声が聞こえれば、誰でも気になるものであるが、特に高齢者は、すぐにあやそうと抱き上げたりする。するとジャイロが抱き上

図2–7　認知症高齢者用対話ロボット「かまって「ひろちゃん」」

げられたことを検出して、泣き声を笑い声に変える。そして再び放置されると、泣き声を発する。このような非常に単純な仕組みであるが、多くの高齢者が関わる相手としては十分な機能になっている。人にもよるのであるが、多くの認知症の高齢者は、このロボットを渡されると、五分から一〇分、長い人なら三〇分ほど関わり続ける。

このロボットは特に、忙しい介護施設で用いられている。介護者が何か他の用事で高齢者から離れないといけないときに、このロボットを渡しておくと、高齢者はしばらくロボットと関わり続け、その間に介護者は必要な用事を済ませることができる。テレノイドのように複雑な機能はまったく持たないのであるが、

〈泣いたり笑ったりするロボットは、高齢者の注意を一定時間引き続けることができる〉。

そして非常に安価に製造することができる。ロボットの開発販売はヴイストンが行っている。

泣き声のパターンの開発や、高齢者施設での実験はATR（国際電気通信基礎技術研究所）の住岡英信研究員が取り組んでいる。

なお、このロボットには顔がない。顔がないと不気味に思われるのではないかという意見もあったが、実際に、顔をつけたロボットと、顔のないロボットに対する高齢者の反応を比べてみたら、まったく差がなく、むしろ、顔のないロボットのほうを好む人もいた。その理由として考えられることは、

〈顔がないほうが、自分の好みの対話相手として想像しやすい〉

ということだろうと推測している。顔があると、「この子は誰かな？」とその顔から相手をいろいろと想像する。しかし、顔がなければ、声だけから相手を想像することになる。声だけのほうが想像の余地が拡がり、自分にとって都合のよい相手を想像しやすいのではないかと考えられる。

この想像の余地の拡がりは、感情と深く関係すると考えている。声で表現される感情は比較的単純で解かりやすい。平常心か、怒っているのか、泣いているのかという区別を簡単につけ

ることができる。一方の顔の場合は、感情表現はかなり複雑になる。一般に、

〈目は自分の素直な感情を表し、口は意識して表現する感情を表す〉

と言われる。すなわち、二つの感情が入り乱れ、非常に複雑な感情を表す。多くの人にとっては、その感情の複雑さが人間らしさとして感じられるのだが、一方、高齢者にとっては、複雑過ぎて対応が戸惑われるものになっている可能性がある。

なお、この目と口による感情表現は、日本人と欧米人の違いにも現れる。日本では、目を隠すサングラスはあまり好感を持たれない。サングラスをしていると相手に失礼だと思う人は多い。しかし、口を隠すマスクをすることには抵抗がない。コロナ禍の状況になくても、マスクをしている人は多い。一方、欧米人はマスクをすることに抵抗を感じる人が多いが、サングラスをすることに抵抗を感じる人は少ない。

自閉症対話サービスロボット

ロボットを対話相手として好む傾向は高齢者だけでなく、若年者、特に自閉症児に多く見ら

れる。実際多くの自閉症児は医師や看護師に対して、直接目を見て話すことはほとんどないし、そもそもあまり話さないが、ロボットが相手であれば、目を見て話しをすることができる。

私の共同研究者である、熊崎博一博士(国立精神・神経医療研究センター)と私の研究室の吉川准教授は、自閉症専門病院で、遠隔操作ロボットを用いた自閉症児の療育の実証実験に取り組んでいる。この実験ではコミューと呼ぶ、小型の対話ロボットを用いている。

医師は直接、自閉症児と対話するのではなく、ロボットを通して対話する。自閉症児は診察のときにロボットだけがいる部屋に通されて、そこでロボットと対話する。医師は別の部屋からパソコンで遠隔操作し、ロボットを通して自閉症児と話しをしながら、診察を進めていく。この診察は自閉症児に評判がいい。私が立ち会った実験でも、自閉症児は「ロボットは話しやすいです」と元気にロボットに向かって答えていた。

すなわち、

〈ロボットを使えば、自閉症児の対話を通した診断ができる〉。

また、

〈ロボットに対する反応の違いで、複雑な自閉症児の症状を分類することができる〉。

そして、それによって、自閉症児それぞれに応じた療育方法を検討することができる。むろん、自閉症児にとって話しやすいロボットは、そのロボットとの対話自体が治療に繋がる可能性がある。自閉症についてはまだまだ解かっていないことも多く、治療は容易ではない。しかし、その可能な診断や療育の方法の一つとして、ロボットの利用は共同研究をともに進める医師から、大きな期待が寄せられている。

レストラン対話サービスロボット

ロボットは様々な場面で、対話サービスを提供することができる。その中でも幅広い実用化が期待される分野が飲食業である。私は、飲食業は今後大きく二つのタイプに分かれていくと考えている。一つは、いわゆる高級レストランで、シェフやソムリエが直接客と対話しながら、人間による高いホスピタリティと、人間によって作られた料理でもてなすタイプのレストランである。

もう一つは、回転寿司のように、可能な限りオートメーション化を進めたレストランである。回転寿司では、ベルトコンベアーが寿司を客に届けている。また、高級な寿司屋では、シェフが素手で寿司を握るが、回転寿司では、機械が握ったシャリの上に、ビニールの手袋とマスクをした店員が寿司ネタを乗せている。

人間による高いホスピタリティを求めるのか、機械による安心安全で、安価なサービスを求めるのかというレストランの二極化である。

この後者のタイプのレストランは、今後さらに自動化が進んでいく。しばらく前から回転寿司の注文は、タッチパネルに置き換わっている。タッチパネルによる注文は正確で効率がいい。必要な情報も提示される。

しかし問題は、メニューが多いと、タッチパネルのページをめくりながら目的のものを探すのに手間がかかることと、食事に来ているのに、人との対話を通したホスピタリティが感じられないことである。

対話ロボットを導入すればこの問題を解決し、すべての機械化をめざす回転寿司でも、ホスピタリティのあるサービスを提供できる可能性がある。むろんそのためには、対話ロボットが人間のスタッフ並みの対話能力を持たないといけない。現在の技術はまだそこまで進んでおらず、もう少し技術の進歩を待たないといけないが、ごく近い将来に、レストランで注文を取ったり、おすすめのメニューについて話したりするような対話ロボットは実現されると思われる。

このような対話ロボットのメリットは、対話を通したホスピタリティの高いサービスの提供以外にもいくつもある。

まず、ロボットなので、対話において飛沫が飛ぶこともなく、非常に衛生的である。そして、多数の言語で話しをすることができる。日本も国際化が進み、世界中から様々な人が訪れている。そんな海外からの客に対して、その客の母国語で対話できるのはロボットだけである。ロボットであれば、現時点の技術でも三〇カ国語以上の言語で話しをすることができる(むろん人間並みの対話能力は、まだないが)。さらには、注文を取る以外に、様々な対話を通したサービスを提供することもできる。食材に関する詳しい情報を提供したり、健康増進のための食事の取り方のアドバイスをしたりすることも可能である。

こうした回転寿司をはじめとするレストランでの対話ロボット利用の実証実験を、私たちはファミリーレストランのココスや回転寿司のはま寿司を運営するゼンショーホールディングスとともに取り組んでいる。図2-8は、ファミリーレストランのココスで、対話ロボットを利用している様子である(この実証実験は終了している)。

このシステムでは、タッチパネルによる対話方式を採用している。ロボットが話すと、真ん中のモニタに、返答の候補が二個から四個提示される。利用者はその返答の候補を選ぶことで、ロボットに話し返すことができる。タッチパネルを通した選択式の対話であるが、関連の研究においても、十分対話感が得られることが解かっている。この実証実験においても、利用者は違和感をほとんど持つことなく、ロボットとタッチパネルを通して対話をしていた。

図2-8　レストラン対話サービスロボット(写真提供：ゼンショーホールディングス)

では、なぜ音声認識による対話ではなく、タッチパネル方式の対話を用いたかというと、残念ながら現在の音声認識技術では、音楽が流れていたり、ときに大きな声のアナウンスが流れたり、隣の席の声が聞こえやすいファミリーレストランでは、常に安定して音声認識することが難しいためである。むろんこれもごく近い将来、さらなる音声認識技術の進歩によって、解決されると思われる。

こうした対話ロボットを用いた実証実験を、数カ月にわたってココスの実店舗で行った。その結果、客の評判は非常によかった。

まず、家族内の対話が活性化されるというメリットがあった。特に思春期の子どもを持つ家族がファミリーレストランで食事をする場合、たいていの家族は、皆各自のスマートフォンを触っていて、ほとんど対話がない。しかしテーブルの上にロボットがいて、ロボットが話しかけてくると、それをきっかけに家族内での対話が始まるのである。

〈対話ロボットには、スマートフォンでネットの世界に閉じこもっている人々を、現実の世界に引き戻す力がある〉

二つ目のメリットは、子どもがご飯をちゃんと食べるということである。子どもは特にロボットとの対話を好み、ロボットの言うことをよく聞く。食事が運んでこられるタイミングで、ロボットは子どもに「ご飯を食べたらまた遊ぼうね」と言うのであるが、そうすると子どもは一生懸命にご飯を食べる。ふだん、親の言うことを聞かない子どもでも、ロボットの言うことはよく聞くという現象は、実証実験期間中、何度も観察された。

三つ目のメリットは、ロボットの推薦するメニューを、多くの人が受け入れることである。ロボットは、一般のメニューよりも少し価格が高い、その日のおすすめのメニューを推薦するのであるが、多くの人が、その推薦を受け入れて注文する。メインのメニューに続いてデザートを推薦すると、そのデザートも注文する。すなわち、ロボットは人間よりも売り上げを上げることができるのである。

〈人々はロボットの推薦を信頼できる情報として受け入れ、ロボットの指示に従う傾向がある〉

四つ目のメリットは、ロボットは注文が終わった後、食事が運ばれてくるまでの時間や、食事が終わった後に、様々な対話サービスを提供できることである。子どもがいれば食育に関する話しをすることもできるし、海外旅行を計画している家族であれば、英語で注文する練習をすることもできる。比較的時間の余裕がある食事において、ロボットは様々な付加価値を提供できる。

このように、対話ロボットはレストランにおいて様々な価値を提供する。ゆえに私自身は、近い将来必ず導入されると確信している。ただ、そのためには、もう少し解決すべき問題が残っている。一つは、安定した音声認識をし、人間と自然な対話をする技術である。そしてもう一つは、壊れにくい安価なロボットを実現することである。現在購入可能な小型の対話ロボットは、いわゆるおもちゃ的な造られ方がなされており、家電製品並みの耐久性で造られていない。五年から一〇年使える家電並みに壊れにくいロボットにならないと、広く普及することは見込めない。ただ、この問題もロボットの利便性が広く認識されれば、近い将来解決できるはずである。家電製品と同様に大量生産が可能になれば、耐久性は高くなり、価格も安くなる。

ロボット社会の実現

これまでにこの章で紹介したロボット以外にも、日常生活の場で人間と対話を通して働くロボットは様々ある。図2-9は、そうしたロボットの様々な活躍の場を示している。

まず右上の「学習・言語教育」である。すでに、ロボットが理想的な語学教師になることは述べたが、語学以外の教師になることもできる。例えば歴史や地理に関して、インターネット上の膨大な知識にアクセスしながら、情報提供することもできれば、国語に関して、インターネット上の様々な表現を瞬時に提示することもできる。むろん、人間の教師にしか指導できない科目もある。例えば、倫理や道徳など学生の感情に訴えかけながら教えるべきことは、ロボットよりも人間が適しているだろう。しかし正確で大量の情報を提示することが必要な科目は、ロボットが適している。

図 2-9　ロボットの様々な活躍の場(イラスト：園山隆輔)

図の右下の「駅・交通機関」では、多数の言語で対話サービスを提供できるロボットの活躍が必要不可欠になる。日本語は、ヨーロッパの言語など、他の言語と比べて文法などがかなり異なる。それゆえ、日本人はヨーロッパの人々ほど多くの言語を話すことができないので、多言語を話せる対話サービスを提供するロボットは必ず普及する。また、駅は単なる案内だけでなく、観光地やお土産物の宣伝など、多様な経済活動が営まれる場でもあり、そうした目的でもロボットは活躍することができる。

加えて大事なのは、

〈ロボットは人間よりもモラルに従って行動でき、信頼されやすい〉

ということである。日本では見かけることはないが、治安の悪い海外の国では、いろいろな違法なサービスを提供する者も多い。そうした国では、人が提供するサービスは警戒されることが多いが、一方で、ロボットが提供するサービスであれば、安心して受けることができるであろう。

図の中央上の「病院待合室・公共施設」でもロボットは活躍する。例えば、呼吸器科でインフルエンザに感染した疑いのある人を案内するなら、人間の看護師よりもロボットがよい。サービスを提供する側も、サービスを受ける側も、余計な気遣いをせずに関わることができる。また、歯科であれば、待合室で待っている間に、ロボットは子どもたちに歯磨きの方法を教えることもできる。

医療環境が比較的整っている日本でも、さすがに待合室における患者へのサービスに人手をかけるほどの余裕はない。しかしロボットであれば、そうした患者の空き時間を利用して、付加価値の高いサービスを提供することができる。

これは病院だけでなく、市役所などの公共施設でも同様である。公共施設での待合時間を利用したロボットによるサービスは、様々考えることができる。むろん、市役所の簡単な窓口業務をロボットに置き換えることも可能である。窓口業務は自動化されつつあるが、コンピュータ端末による自動化では、ホスピタリティに欠ける。一方、ロボットであれば、高齢者も機械の操作に戸惑うことなく、気軽に話しかけるだけでサービスを受けることができる。そうして、窓口業務にかかる人員が削減できれば、それらの人材をより複雑な、きめ細かい対応が必要なサービスに従事させることで、市役所のサービスを向上させることができる。

図の中央下の「デパート・小売店」でも、人間の販売員と同様に、ロボットは接客し、商品を販売する。この二〇年で、日本でも郊外に大型のショッピングモールが多数建築されるようになってきた。それら大型ショッピングモールに共通する特徴は、販売員が少ないことである。商品について解からないことがあれば、販売員を呼ばないといけないのであるが、常に目のつくところに立っているとは限らない。そのような商品説明の役割は、ロボットに担わせることができる。小型のロボットを、客から多くの質問が寄せられそうなパソコンやテレビ売場の隣に置いておけば、客はロボットと対話しながら気軽に必要な情報を得ることができる。さらには、後の章で詳しく述べるが、デパートにおいて服などを販売するのもロボットは得意とする（7章）。

図の左下の「高齢者介護」は、すでに説明してきた。高齢者介護の内容は、車椅子に乗せたり、入浴を補助したりする物理的支援と、対話によって精神を安定した状態に保つ心理的支援がある。物理的支援については、様々な専用ロボットがすでに開発され、安全面に配慮しながら利用されている。今後必要となるのは、対話を通して心理的支援を行える対話ロボットである。

今のところ対話ロボットは十分な量産がなされておらず、その価格は高価で、広く普及していないが、比較的近い将来に普及すると期待されている。

3章　アンドロイドの役割

アンドロイドとヒューマノイド

前の章で紹介した小型の対話ロボットは、言わば普及型のロボットである。一方で、人間に酷似したロボットであるアンドロイドも、利用場面を選べば、十分に実用的に用いることができる。本章では、そうしたアンドロイドの利用について説明しよう。

すでに述べているが、アンドロイドとは人間酷似型ロボットという意味である。似た言葉にヒューマノイドという言葉があるが、ヒューマノイドとは人間型ロボットという意味であり、人間が無理なく擬人化できる姿形を持つロボットを意味する。頭や手足があり、人間の姿形を連想できる体を持っているものである。例えば、『スターウォーズ』の金色の体を持つ、人間型ロボットC-3POのようなロボットである。一方で、同じ映画に登場する円筒形の体を持つR2-D2は、単なるロボットである。

図3–1　アンドロイド「リプリー Q1expo」

アンドロイドはギリシャ語で人間もどきという男性を意味する言葉であり、女性のアンドロイドは、正確にはガイノイドと呼ばれる。アンドロイドはＳＦ映画の中にも数多く登場するが、特に有名なのが映画『ブレードランナー』に登場する「レプリカント」と呼ばれるアンドロイドである。

現実世界のアンドロイドの例としては、私が開発し、二〇〇四年の愛知万博で展示した「リプリーＱ１ｅｘｐｏ」がある（図3－1）。

リプリーＱ１ｅｘｐｏは、ＮＨＫのアナウンサー、藤井彩子さんをモデルにして造ったアンドロイドである。周囲に設置された床センサやカメラを用いて、近づく人を認識し、あらかじめ登録されている一〇〇個程度の単語を認識する音声認識機能によって、ごく簡単な対話をすることができた。その対話能力は現在の技術と比べると非常に限られたものであり、主にアンドロイドが主導的に話しを進め、対話者の発話の中に、あらかじめ登録された単語が含まれていることを認識すると、それに対応する登録されている応答文を読み上げるという、簡単な対話機能であった。

しかし、それでも姿形、表情、動作、対話など総合的に再現した人間らしいアンドロイドは、当時世界にはまだなく、愛知万博では、世界のメディア投票によって最も印象的な展示物に選ばれ、世界中のメディアに取り上げられた。これがきっかけになり、私のロボット研究は世界から注目されるようになったのである。

アンドロイドの構造

私が開発してきたアンドロイドは、ホンダのアシモなどのようなヒューマノイドとは、内部の構造がかなり異なる。人間に酷似した姿形や動きを再現するために、一般的なヒューマノイドには用いられない部品や材料が用いられている。

まず、ロボットを動作させるための、「アクチュエータ」（人間の筋肉に相当するもの）は、モータではなく空気アクチュエータ（空気圧で動くシリンダー）を利用している。そしてその空気アクチュエータを用いて、表面的に人間に酷似するように、人間の体の構造に合わせて、その体は設計されている（詳しくは、石黒浩『アンドロイドを造る』オーム社を参照してほしい）。

モータよりも人間の筋肉に近い動きをする空気アクチュエータは、外から加えられた力に対して人間のように自然に反応することができ、人間らしい体の動きを再現するのに適している。加えて、一般の電気モータよりもはるかに耐久性が高く、何年も使い続けることができる。

しかしながら、そのような空気アクチュエータであっても、人間の筋肉からはほど遠い。人間の筋肉は、より耐久性が高く、パワーウェイトレシオ(出せる力と重さの比)も格段に高い。さらには、非常に柔軟で自由に曲げることができる。もし人間の筋肉と同様の性能を持つアクチュエータを発明することができれば、モータの発明と同様のインパクトを、産業界にもたらすことは間違いない。

〈人間のような筋肉を人工的に造れれば、世の中が変わる〉

そのようなアクチュエータは、ロボットだけでなくあらゆる機械に利用され、機械はより小型で柔軟で、人間に近いものに進化していく。

アクチュエータと同様にアンドロイドに重要で、ヒューマノイドにはない、世の中を変える可能性のあるロボットのもう一つの構成要素は皮膚である。一般にヒューマノイドの表面は硬い金属やプラスチックで覆われているが、アンドロイドの表面は、人間の皮膚を模倣するために、柔らかいシリコンで覆われている。そしてその中には非常に敏感なセンサが埋め込まれており、人間の皮膚並みの感度で接触状態を検出することができる。

ただ、このアンドロイドの皮膚も人間の皮膚にはとうてい及ばない。まずは耐久性である。人間の皮膚には自己修復能力がある。しかし、アンドロイドのシリコン製の皮膚は裂けやすく、頻繁に稼働する部分であれば、おおむね三年程度で張り替える必要がある。また、人間の皮膚には発汗の機能があり、体内の温度を調整することができるが、アンドロイドのシリコンの皮膚にそのような機能を持たせることは容易ではなく、内部に熱がこもりやすい。

〈人間のような皮膚を人工的に造れれば、世の中が変わる〉

人間の皮膚のような人工皮膚は、車のシートなど人間が手を触れるあらゆる場所に用いられ、新たな技術革新をもたらすであろう。

ロボットの技術は、非常に進歩してきていると思われている。実際に毎年どんどん進歩している。しかしながら、ロボットが人間に格段に近づくには、この人工筋肉と人工皮膚を実現する必要があり、それらの実現方法は、いまだ見つかっていない。もしこれらを実現することができれば、世の中は大きく変わり、たくさんの人間らしい機械、生物らしい機械が登場し、世界は硬い機械の時代から、柔らかい機械の時代に移り変わるだろう。

〈まだまだ、私たちが想像しきれていない、未来のロボット世界がある〉

偉人アンドロイドの例

ではこれまでにどのようなアンドロイドを開発してきたのか、ここでは偉人アンドロイドについて紹介しよう。

人々に影響を与える偉人のアンドロイドとして最初に製作したのは、二〇一六年に造った夏目漱石のアンドロイドである。夏目漱石が学んだ二松學舍大学と大阪大学の共同研究プロジェクトとして、二松學舍大学がその費用を負担して開発した。図3-2が、その夏目漱石アンドロイドである。

夏目漱石のアンドロイドを造ったことの意義は、とりわけ大きかったと思う。夏目漱石の小説は、日本の小学校、中学校、高等学校のほとんどの国語の教科書に取り上げられており、日本人なら誰でも知る文豪である。そして、多くの人がその小説に少なからず影響を受けている。

それゆえ、夏目漱石がアンドロイドとしてこの世に蘇り、人々に話しをすることができれば、教科書でその小説を読む以上の影響を与えられると期待される。

この夏目漱石アンドロイドを例にして、本章の後半では、人々に様々な影響を与える可能性のある偉人アンドロイドの開発にあたって、どのような問題に注意し、どのように利用すべきかを考えてみる。

図 3-2　夏目漱石アンドロイド(写真提供：二松學舍大学)

夏目漱石アンドロイド以前にも、いくつものアンドロイドを製作してきた。そのアンドロイドの製作において、特に偉人アンドロイドの製作において問題となるのが、後に述べるように、モデルとする偉人の年齢である。多くの場合、亡くなる直前の偉人の姿は、活躍していた時期と比べて、実のところあまり知られていなかったりする。偉人にはたいていの場合、最も世間に知られている時期があり、その時期の顔や姿を多くの人は記憶している。

〈偉人のアイデンティティにはピークがある〉

のである。

では夏目漱石の場合は、どうであろうか。実は、夏目漱石では、アンドロイドを製作する年齢についてはほとんど議論の余地がなかった。夏目漱石自身は、四九歳で若くして亡くなっており、その数年前の顔が千円札に肖像として使われている。そして、その千円札の肖像が最も有名で、むしろそれ以外の顔は知られていない。ゆえに、アンドロイドのモデルとする顔は、千円札のモデルにもなった年齢の顔にすべきと議論の余地なく決まった。

一方で、例えば、渋沢栄一の場合は、多くの企業の創設に関わっていた時期と、晩年の教育機関や社会公共事業に携わっていた時期の、二つの時期において世間に広く知られており、アンドロイドのモデルとしては、どちらの時期の姿がいいかは、意見の分かれるところである。ただ、渋沢栄一のときは、製作費がアンドロイド二体を製作するのに十分にあったために、両方の時期のアンドロイドを製作することができた。

アンドロイドの製作方法

アンドロイド製作において、製作すべきアンドロイドの年齢が決まると、次に必要となるのが造形の作業である。

生きている人間のアンドロイドを製作する場合は、三次元スキャナーを使った計測と、本人を使った型取りによって造形する。もっとも、現在は三次元スキャナーの精度が向上したために、型取りをする必要はなくなってきた。

まず、アンドロイドのモデルとなる人物を、様々な方向から写真撮影をする。その写真は、アンドロイドを最終的に仕上げる際に必要となる。また、モデルとなる人物に、ふだんの平常心の顔だけでなく、笑っている顔や怒っている顔など、様々な表情をしてもらい、写真を撮る（この理由も後で述べる）。アンドロイドを完成させる直前には、これらの表情写真をもとに、アンドロイドの表情表出の機能を調整する。

次いで、写真撮影と同時に三次元スキャナーを用いて、モデルとなる人物の三次元モデルを製作する。三次元スキャナーの精度が悪かった数年前は、三次元モデルの製作とともに、モデルとなる人間の型取りを行っていた。生きている人間をモデルにする場合は、本人をそのまま型取りしていたのである。今はもう行っていない型取りであるが、なかなか興味深い体験なので、その手順について述べておこう。私自身も自分のコピーであるジェミノイドを製作する際に、何度か体験している。

まず、髪の毛が絡まないように、水泳帽のようなゴムのキャップをモデルとなる本人の頭にかぶせ、その中にていねいに髪の毛をしまい込む。そして、その上から歯科医が歯型を取るのに用いる材料を頭部全体にかけていく。ただ、この歯型を取る材料は垂れやすいので、同時に、その上からガーゼと石膏を使って、垂れないように固めていく。

型取りされる人間にとって、実はこの作業、かなりつらい。鼻の穴を残して、それ以外の部分は、歯型を取る材料と石膏で覆われてしまうのであるが、鼻の穴だけで呼吸をする場合、唾を飲み込むのが怖くなる。唾を飲み込もうとすると、鼻からの気道が一次的に塞がれ、ほんの一瞬であるが呼吸できない状態になるからである。これが想像以上に怖くて、型取りを経験した人の中にはパニックになる人もいた。

さらに、冷たかったり熱かったりと、型取りされている頭部のいろいろな場所の温度が変化する。歯型を取る材料は水で溶いて使うために、それを頭にかけられると冷たく感じる。一方で石膏は水に溶かすと熱を発生するので、熱く感じる。型取りは、頭頂部から徐々に行うために、型取りの最中は、目を閉じて真っ暗な状態で、身動きできないなか、頭部のいろんな場所が冷たくなったり熱くなったりして、かなり気持ち悪い。

型取りをした後は、その型に石膏を流し込んで、モデルの原型を作る。その原型をもとに、雌型《めすがた》を作って、今度はその中に粘土を入れ、粘土で原型を複製する。この粘土で複製された原型に修正を加えて、最終的にアンドロイドの原型を完成させるのである。

この修正の作業において、三次元モデルがあると修正しやすい。型取りの問題は、柔らかい皮膚が押しつぶされることである。そのため型取りだけでは、正確に人の見かけを再現することができないので、三次元モデルや写真を参考にしながら、プロの造型師が粘土の原型を修正する。

型取りは、細かい構造を再現するには最適な方法である。しかし一方で、皮膚が押しつぶされるために、全体的な形は崩れやすい。それゆえ、三次元スキャナーの精度が向上した近年では、型取りは行っていない。

以上が、生きている人間をモデルにしてアンドロイドを造る方法である。では本人がすでに亡くなっている夏目漱石の場合はどうしたかというと、幸いにもデスマスクが残っており、それを利用することができた。あらかじめ型取りされていたのである。むろん、誰しもがデスマスクを持っているわけではない。そうした場合、写真が残っていればその写真をもとに、三次元の形状を復元することになる。

先に述べたように、夏目漱石は千円札のモデルになって、それほど年齢を重ねないうちに亡くなっている。それゆえ、デスマスクは、少なくとも漱石の顔の骨格としては、正しく再現していると考えられる。また幸運だったのは、多くの写真が残されていたことだった。漱石が働いていた朝日新聞社には、漱石の写真がたくさん残されていた。デスマスクと多くの写真によって、再現された夏目漱石アンドロイドは、おそらくは非常に正確に、当時の本人を再現していると思われる。

声と語り

アンドロイドの姿形が完成すると、次に必要となるのが声である。アンドロイドのモデルが生きている場合は、そのモデルの声を使えばいいのであるが、亡くなっている場合は、録音された声を使うか、その声を知る人の意見をもとに再現するしかない。

夏目漱石の場合、一〇〇年前に亡くなったにもかかわらず、音声も残されていた。蠟管《ろうかん》という蠟で作ったものに記録されていたのである。その蠟管は、広島県安芸太田町にある旧家「加計家」に保管されている。二松學舍大学のスタッフは、専門家の協力を得て、蠟管からの声の復元を試みたが、残念ながら劣化が激しく声を再現することはできなかった。

そこで、親族の中で声が似ている人を探すことになったのであるが、幸運なことに孫である、学習院大学の夏目房之介教授の声が漱石本人に似ていると言われていることがわかった。夏目房之介教授は背格好も漱石と似ていて、厳密に声が同じではないとしても、夏目漱石の体から発せられる声としては十分にそれらしいものであると思われた。

このような経緯を経て、最も夏目漱石に似ている姿形と声を持つ夏目漱石アンドロイドを製作することができた。

さて、最後に必要となる作業は、漱石の語りや仕草や表情を再現することである。

語りについては、数多くの文献が残っているので、それらをもとに漱石らしい話し方を再現することができた。これらは、漱石アンドロイドのプロジェクトをいっしょに進める二松學舍大学の文学の専門家が取り組んだ。

では、仕草や表情はというと、映像記録がない漱石の場合、それらを漱石の残した文章や、漱石について書かれた文章から推定する必要があった。この作業こそが夏目漱石アンドロイドの製作において重要な意味がある。文学研究において、著者の作品から、その著者の個性など、著者がどういった人物であったかを考察することがある。この夏目漱石アンドロイドもそうした研究の成果を反映して、仕草や表情を再現することができる。

このような文学研究は、これまでそれぞれの研究者が、それぞれの視点で独自に研究してきた。そのため、互いに異なる意見もあったのではないかと想像する。この研究に夏目漱石アンドロイドを用いれば、

〈統一された人格の再現をめざしながら、様々な研究者の意見を整理し、統合できる〉

のではないだろうか。

アンドロイド製作における重要な問題

これまでに製作したアンドロイドを紹介してきたが、ここからは、それらアンドロイド製作に関わる重要な問題について整理しておこう。

まずは研究として、アンドロイドのモデルをどのように選ぶかということである。たとえアンドロイドの開発目的が研究であっても、そのモデルは注意深く選択する必要がある。できあがったアンドロイドが本人に酷似していなくても、いったんその人のアンドロイドを製作すれ

ば、そのアンドロイドはモデル本人の意図とは無関係に扱われ、その結果、アンドロイドのモデルが不愉快な思いをしたり、アンドロイドの製作に疑問を持つようになる可能性がある。なぜ、その人をアンドロイドのモデルに選んだのか、その理由は多ければ多いほどよく、多くの人に理解してもらえる理由があるほうがいい。たとえそのアンドロイドが、想定外の扱い方をされ、モデル本人が不愉快な思いをすることがあっても、そのアンドロイドを製作した理由が説明できれば、一定の理解は得ることができる。

これまでに私が開発したアンドロイドを、一例として紹介する。特定の人間をモデルにしなかったリプリーQ1に続いて製作したのが、NHKのアナウンサーの藤井彩子さんのアンドロイド、リプリーQ1expoである（前出図3-1）。このアンドロイドを開発する目的は、愛知万博での展示だったので、日本においても知名度が高い人をモデルにすることが望まれた。またこのリプリーQ1expoが、実在する人間をモデルにした初めてのアンドロイドだった（厳密には、子どもアンドロイドのリプリーR1が人間をモデルにした最初のアンドロイドであるが、リプリーR1には人間らしく動作する機能が実装されていない）。そのため、アンドロイドとして多くの人に見られても問題のない人が相応しかった。特にこの後者の理由から、有名なアナウンサーの藤井彩子さんは適任だった。このような人であれば、そのアンドロイドが多くの人に見られても、そのことで精神的問題が発生する可能性は極めて少ないと考えられた。そして、もちろん、藤井彩子さん本人が快くアンドロイドになることに承諾してくれたことが、藤井さんを選んだ理由となった。

存命の人をアンドロイドのモデルにする場合は、本人の同意を取るのであるが、すでに亡くなっている人であれば、その親族や関係者に同意を求めなければならない。その場合も、アンドロイドを製作することだけの許可をもらうのではなく、アンドロイドとしてその人が蘇り、再び多くの人に見られるのを、親族や関係者が受け入れてくれることを慎重に確認する必要がある。

またアンドロイド製作において常に議論となるのは、モデルが何歳のときのアンドロイドを造るかという問題である。これはアンドロイドになる人が生きている場合も、すでに亡くなっている場合も常に議論になる。

アンドロイドは歳を取らないため、アンドロイドの製作においては、アンドロイドになる人のある年齢におけるコピーを造る。そのアンドロイドは、永遠にその歳の姿形で存在し続けるのである。

一般的に、その人が社会的に最も認知されていた年齢、最もその人らしいと多くの人が考える年齢を選ぶことになる。

例えば、桂米朝師匠のアンドロイドは米朝師匠の米寿の記念イベントの際に製作された。そのときすでに、師匠は落語をほとんど演じておられなかった。しかし私たちの目的は落語を演じる桂米朝師匠のアンドロイドを造ることにあったので、どの年齢まで遡るかが議論になった。若いときのほうが師匠らしいとか、ある程度歳を重ねたときのほうがその落語に円熟味が増してきたとか。結果として、テレビでの出演が多く、最も多くの人に認知されていたころの年齢、落語に円熟味が増した年齢でアンドロイドを製作することになった。

先にも述べたように、人間はその人生において、おそらくそのアイデンティティがピークに達する時期がある。これまでの著名人のアンドロイドは、多くの場合、そうした年齢において製作してきた。

年齢の次に決めるのが、標準的な表情である。アンドロイドの皮膚は柔らかいシリコンでできており、笑い顔やしかめっつらなど、ある程度の表情を再現することができる。しかし人間と比べれば、その表情は限られている。例えば、人間のように口を大きく開けて笑うことはできない。そのために重要となるのが、通常の表情を決めることである。その表情から変化をつけることで、再現されるのである。しかし人間の皮膚に比べて、シリコンの皮膚は変化できる範囲が狭いために、最初から通常の表情をその人らしい表情にしておく必要がある。例えば、いつもよく笑う人であれば、若干の笑顔を通常の表情とする。

ここでも、年齢と同様にその人はいつも笑っているのか、それとも怒っているのかなどの議論が必要となる。特に男性の場合、社会的な場で見せる表情と、プライベートな場で見せる表情が大きく異なるケースがある。そうしたときにはどちらの表情にするか、アンドロイドの利用状況を十分想像しながら決めなければならない。

さらに重要となるのが動きである。体の様々なところが自由に動くアンドロイドは、製作に高額な費用が必要となるため、製作費に制限がある場合には、そのアンドロイドにとって、必要最低限の動作を見極めて、可動部を決定しなければならない。

先に述べた空気アクチュエータだけで構成されるアンドロイドは、人間のように歩くことはできない。それゆえ、アンドロイドは常に着座姿勢で、腰から上が稼働する。そうした動作を制限されたアンドロイドでも、腰から上を人間らしく稼働させるには四〇本から六〇本の空気アクチュエータが必要となり、製作費用はかなり高額になる。アンドロイドの可動部を必要最小限の数にすることは、その製作において重要な課題となるのである。

対話を中心としたアンドロイドでは、腕の動きを省略して、主に首から上だけを動くようにすることが多い。ただその場合も、基本的な人間らしさの再現には呼吸に伴う胸の動きが必要であり、その動きを再現するためだけのアクチュエータを取りつけることもある。

呼吸に伴う胸の動きは些細なものなので、なくてもいいと考える人も多いだろう。しかし人間はそうした呼吸に伴う動きに非常に敏感で、この動きがないと違和感を持つ。その人が生きているかどうか瞬時に判断できる能力が、私たち人間には備わっている。

見かけと同様にアンドロイドの声も、重要である。モデルが現在も活躍されている人であれば、その人の声を使うことができる。ただし、アンドロイドに話させたいことをすべて録音するのではなくて、テキストトゥスピーチ（TTS）というプログラムを用いる。このプログラムはテキストが入力されると、あらかじめ取り込んでおいたその人の音素データを合成して、その人の声でそのテキストを読み上げてくれる。

このTTSの技術はどんどんと改良され、現在では合成された声かどうか解からないくらいの精度で合成できるようになってきており、例えば、ある人の声のTTSを使って、その人の知人に電話をかけると、多くの場合、その人であると思われてしまう。そのため取り扱いには、犯罪などに利用されないような慎重さが必要になる。

ただし、そうしたTTSも完璧ではない。抑揚《よくよう》のない発話は非常に自然に合成できるが、抑揚があったり、感情表現が豊かだったりする発話の合成には限界がある。もとになる音素データをたくさん取り込んでおけば、そのデータ量に比例して精度の高い合成ができるが、あらゆる感情的な発話を再現するのは非常に難しい。

そのためアンドロイドに発話させる場合には、TTSが自然に声を合成できる内容にしておく必要がある。ただし、アンドロイドのモデルがテキストを読み上げ、それをそのまま記録再生する場合は、その限りではない。どんな感情的発話も、自然に行うことができる。むろんこの方法では、常にアンドロイドのモデルがテキストをあらかじめ読み上げ、記録しておかないといけないため、あらかじめ想定された発話しかできない。

そして顔や声と同等かそれ以上に重要になるのが、アンドロイドの発話内容である。人間の見かけや声は年齢によっても変化するし、体調によっても変化する。多少本人と違っていても、おおむね似ていれば、本人と認識してもらえるが、アンドロイドの発話内容はより慎重に検討しなければならない。特に著名人のアンドロイドの場合は、その発話内容はその人格に関わることであり、不用意に決めることはできない。

そのアンドロイドのモデルが過去に話した内容を、そのままアンドロイドに話させるのであれば、さほど難しくないが、まだその人が過去に出会ったことがない状況に、そのアンドロイドがおかれ、何か話しをしないといけないという場合には、その人がふだん、どのような信念で話しをしているか、慎重に推察しながら、発話内容を決める必要がある。

実際この作業が、アンドロイドの開発においては最も難しい作業となる。

アンドロイドの基本原則

このように製作されるアンドロイドは、モデルになった人の人格を持つものとして扱わなければならない。

実在の人をモデルに造られるアンドロイドは、いわばその人の三次元の写真のようなものである。しかし、そのアンドロイドが動いて話せば、それは単なる三次元の写真ではなく、社会の中では、本人の分身として認識される可能性がある。

むろんそのことは、製作したアンドロイドのリアリティの質による。非常に質の高い、本人そっくりのアンドロイドを造ることができれば、もはや本人とは区別がつかず、その体から発せられる言葉は、その本人の言葉のように感じられ、アンドロイドは本人の人格を持つようにさえ思われるだろう。たとえアンドロイドのリアリティの質が多少劣っていても、十分に本人を連想させるものであれば、やはりそのアンドロイドは本人の人格を表していると感じられるはずである。

そうなると、

〈アンドロイドの製作と運用には、写真や蠟人形を超えた規則が必要となる〉。

特定の偉人のアンドロイドを製作する場合、当然その目的は、その偉人を蘇らせることにあり、アンドロイドをその偉人のように振る舞わせることになる。偉人がかつて話したことを話させたり、偉人ならどう答えるかを推測しながら、質問に答えさせたりして、アンドロイドを運用していくことになる。ここで重要なのは、アンドロイドは何を話してもよくて、何を話してはいけないのかを慎重に検討することである。

社会の様々な人々に大きな影響を与えてきたであろう、偉人のアンドロイドであるから、人々がそのアンドロイドに改めて影響を受ける可能性は高い。そうした影響を考えながら、アンドロイドが話しをする相手に応じて、その内容を慎重に決める必要がある。

仮に、その偉人を尊敬している人がいたとして、その人の前でアンドロイドがとうてい尊敬できない発言をしたとき、それまでその偉人を尊敬していた人は、もはや尊敬しなくなるかもしれない。姿形が本人にそっくりのアンドロイドは、その本人の存在感も再現することができ、たとえそれがアンドロイドだと解かっていても、アンドロイドを相手にする人は、そのアンドロイドを通して、その偉人に対する新たな印象を持つようになる可能性がある。

そして、その影響を受けるのが、アンドロイドになった偉人の親族となると、さらに深刻な問題となる可能性がある。親族は、アンドロイドを運用する者によって、その偉人の権威を傷つけられたと感じることもあるだろう。

これらの倫理的問題を慎重に考えながら、アンドロイドの運用規則を作る必要がある。また、倫理的な問題に留まらず、その運用を間違えると、法律的な問題に発展する可能性もある。そのようなアンドロイドの利用規範は、どのように定めるべきであろうか？

ロボットの利用規範といえば、ロボット三原則が有名である。ロボット三原則とは、SF作家であるアイザック・アシモフの短編集 ***I, Robot*** の中に登場する次のようなものである。

第一条　ロボットは人間に危害を加えてはならない。また、その危険を看過することによって、人間に危害を及ぼしてはならない。

第二条　ロボットは人間にあたえられた命令に服従しなければならない。ただし、あたえられた命令が、第一条に反する場合は、この限りではない。

第三条　ロボットは、前掲第一条および第二条に反するおそれのないかぎり、自己をまもらなければならない。

（『われはロボット〔決定版〕』小尾芙佐訳、早川書房、二〇〇四年より）


このロボット三原則は、人間のようなロボットに対して提唱された原則のように思われているが、実は、あらゆるタイプのロボット、すなわち今私たちが使っている家電製品や自律的に動く機械すべてに当てはめることができる。

そしてアンドロイド基本原則は、このロボット三原則に加えて、「人間を傷つける」ということの意味を深く考えたうえで策定する必要があると私は考えている。人間を傷つけるとはどういうことなのか、社会的な意味、個人的な意味、いろいろな視点で考えてみる必要がある。

アンドロイドの基本原則について、私の意見は次の通りである。

アンドロイドの基本原則を考えるにあたって、まずは動かないアンドロイド、すなわち銅像の意味から考えてみよう。長い人類の歴史の中で、なぜ銅像は造られ続けてきたのだろうか。

その答えは、銅像が動かないことにあると思う。たいていの銅像は、最もその人らしい姿形で造られている。そして、その銅像を見る人たちは、その姿形から、その人が何をしてどのように行動したかを想像する。

この想像において情報が足りなければ、人間は多くの場合、ポジティブな想像でその足りない情報を補う。すなわち、しゃべらない銅像を前にすると、人々は、その人から聞いた心打つ言葉や、生前に好ましく思えていた動作を思い出すのである。

人間は日常の活動において、常に完全に周りの状況を認識して行動しているのではなく、足りない情報については、想像力を頼りに予測しながら行動している。そのとき、不都合な予測をすると不安で行動できなくなるため、予測はおおむね自分に都合のよいポジティブなものとなる。こうした人間の脳の性質に支えられて、亡くなる前よりも、銅像になってからのほうが、人々から好意的に受け入れられるモデルは多い。これが、歴史的に銅像が繰り返し造られてきた理由だと思う。

そして、その銅像が真に偉大な偉人のものであれば、人々のポジティブな想像はさらに高まる。偉人にも社会的な側面とプライベートな側面があり、プライベートな側面においては、一般の人とさほど違いがないかもしれない。しかし、社会的な側面においては、一般の人とは比べものにならないくらいポジティブで偉大な想像を、人々にもたらす。

人々は、その偉大さに感動したいと思って銅像を見るのである。たとえその偉人がプライベートな側面において、あまり感心できない性質を持っていたとしても、それさえも美談にかえてしまうほどの偉大さを感じながら、その銅像を見るのである。

社会的人格とプライバシー

一方で、言葉を発して体を動かすことができるアンドロイドの存在感は、生きている人間に非常に近い。いくら見る側がその偉大さに感動したいと思っていても、アンドロイドが問題なことを言ったり、愚かな行動をとったりすれば、その偉大さは吹き飛んでしまう。瞬時に見る側の想像が壊されてしまう。

そのため偉人アンドロイドの製作において、社会的人格とプライベートな人格の区別は重要である。人間には常にその二面性があり、偉人アンドロイドの製作においても、そのアンドロイドをどこに設置し、誰と関わらせるかで、どちらの側面を見せるのがいいのかを決める必要が生じる。

ただ、偉人が偉人と言われる由縁は、プライベートな狭い世界ではなく、社会の広い範囲において、尊い存在と認識されるからである。偉人をアンドロイドにするのであれば、当然その社会的人格をもとに、アンドロイドの発話や動作を設計すべきである。

しかしながら、プライベートな人格をまったく見せないアンドロイドは、果たして人間的であろうか。答えはおそらくNOである。

〈十分理性的に制御された社会的人格は、ときにつまらなく、まさにロボットのように感じられる〉

かもしれない。

人間が人間に親しみを感じるのは、社会的な場面では見せない、プライベートな人格を垣間見せる瞬間であろう。それゆえ、たとえ社会的人格を中心にアンドロイドの発話や動作を設計したとしても、プライベートな人格も適度に表出させることが望ましいのである。

では、プライベートな人格の再現は、どれほど許されるのであろうか。それには、個人のプライバシーに関わる問題を考えなければならない。

亡くなった人間のプライバシーは、どれほど守られるべきなのか、そのプライバシーを守られる権利は存在するのだろうか。この答えは専門家に委ねるしかないのであるが、少なくとも、多くの人が傷つくようなことになってはいけない。その偉人のプライバシーがあらわにされて、例えば親族が精神的に大きなショックを受ける可能性があるのならば、親族の許可を取りながら、プライベートな人格の設計やそれが表れる頻度を決める必要がある。

一方でプライベートな人格を見せることで、親族が喜ぶ場合もあるだろう。ふだんは、あまりプライベートな人格を見せることがなかった偉人が、アンドロイドになって、多少プライベートな人格を見せるようになり、より親しみが湧《わ》くということは十分にあり得る。

このように、プライベートな人格をどれほど表出させるのがいいのかは、偉人アンドロイドと対峙《たいじ》する人や状況によって異なるのである。ゆえに理想的には、偉人アンドロイドに顔認識の機能を持たせ、対話相手に応じて、そのプライベートな人格の表出の度合いを変えるのが望ましい。また、プライベートな人格を表出する適切な場面の認識機能も、偉人アンドロイドには必要になるだろう。どのような場所でどのような人がいるときに、どれほど社会的人格を表出し、また、どれほどプライベートな人格を表出するか、それらをていねいに制御することが理想である。

しかし残念ながら、顔認識技術をはじめとする、確実な人物認識技術の完成には、もう少し時間がかかる。現在の技術では、部屋が明るすぎたり、大勢の人が同時にアンドロイドの前に立つと、カメラなどによる視覚情報をもとにした人物認識の精度は、極端に悪くなる。そのため今のところは、アンドロイドを使う場面や、アンドロイドと対峙する人を適切に選ぶ必要がある。利用場面や利用者を限定しながら、アンドロイドの社会的人格とプライベートな人格の設計を行い、アンドロイドの権威を汚さないように、またモデルとなった偉人の関係者が不愉快な思いをしないようにしていかなければならない。

プライベートな人格の再現がある程度許されたとすると、次の問題は、本当にプライベートな人格は再現可能なのかということになる。

社会的人格は、偉人であれば、様々な記事や記録が残されており、また、その社会的人格は社会の中で認識されているので、様々な人に意見を聞きながら再現することができる。しかし、プライベートな人格については、それを知るのは家族などに限定される。

プライベートな人格は、本人のプライバシーであるので、正確に知ることが本来は非常に難しい。もし偉人に直接面会したことのある人間が誰も生きていない場合は、どうなのだろうか。

実際に夏目漱石については、親族を含め、直接面会したことのある人は、すでにこの世にいない。漱石に関するプライベートな人格は、すでに噂に近い情報になっている。この問題の解決は、文学研究の専門家に委ねるしかないのかもしれない。夏目漱石が残した多くの文章から、プライベートな人格を推定するのも、文学研究の重要な役割であり、その文学研究の研究成果をもとに、夏目漱石をアンドロイドとして復元できるならば、他に例を見ない文学とロボット工学の融合研究を成し遂げることができ、文学にもロボット工学にも新しい可能性が見えてくる。

それでは、社会的人格とはどのようなものであろうか。

社会の中で多くの人に共有されている偉人の人格は、ほとんどの場合ポジティブなものである。それは、先にも述べたように、人間は情報が足りない場合、自分の理想に合わせて、足りない情報をポジティブに補完するからである。

偉人の社会的人格の再現において、その偉人の偉さを正確に判断し、再現できる人は、実のところそれほど多くないと思われる。たいていの場合は、「他の人が偉いと言っているので、偉いのだろう」と考えているのではないだろうか。特に偉人の業績が専門的な業績である場合、その専門に関する深い知識がないと、その偉人の本当の偉大さは理解できない。

足りない情報をポジティブに補完するという人間の性質に加えて、

〈皆が信じていることを自分も信じるという、人間の社会的な性質が重なって、偉人の偉大さは社会の中で共有されている〉。

偉人はそのプライベートな人格を超えて、またその業績を超えて、はるかに尊い存在として、社会の中で認知され、多くの人の心の支えや、人生の目標になっているのだろう。

〈偉人とは社会の中で人々のポジティブな想像を喚起《かんき》しながら、生きる支えになるもの〉であり、偉人アンドロイドもこの性質を受け継がなくてはいけない。

先に銅像の話しをした。銅像とは動かないゆえに、人のポジティブな想像を喚起するものである。しかし、銅像のように動かないと、一方で無視される機会も増える。存在感が足りないからである。銅像よりも人間としての強い存在感を持ち、人々の注意を引きつけ、しかし一方で人々のポジティブな想像を喚起する、それが理想的な偉人アンドロイドである。

そして、その偉人アンドロイドは、おそらくは偉人本人よりもさらに尊敬される存在になると思われる。偉人は銅像になることによって、そのネガティブな印象はいつしか失われ、そのポジティブな印象は、人々によるその想像の共有によって強められていく。そのため、偉人は、

〈アンドロイドになることによって、さらに社会的に理想的な偉人として生まれ変われる〉のである。

以上の議論より、私の考えるアンドロイドの基本原則とは次のようなものである。

第一条　社会的人格を表現するものでなければならない。
第二条　社会で許容され難いプライベートな人格を再現してはいけない。
第三条　人々のポジティブな想像を引き出し、人々に対話できる偉人として、ポジティブな影響を与えるものでなければならない。

偉人とは社会の中で、その偉大なイメージが共有されている人のことである。言葉を発し、体を動かせる人間らしいアンドロイドとして、その偉大さを人々に伝えるものでなければならない。遠い昔に亡くなった偉人には、現代社会の中で共有されている偉大なイメージがある。そのイメージをまとった人間らしいアンドロイドが、偉人のアンドロイドであるべきだろう。

偉人のイメージをまとって、人々に銅像以上に影響を与えるアンドロイドを造る。これが偉人のアンドロイドを造ることの意義である。

アンドロイドになることによる人間の進化

偉人はアンドロイドになることによって、その社会的人格が強化され、偉人本人よりも尊い存在になる可能性があるのだが、このことは、アンドロイドになることによる進化とも考えられる。発話や動作を十分偉人らしく設計する技術が完成し、対峙する人を偉人アンドロイドが、人間と同レベルで正確に認識できるようになるということが前提である。

アンドロイドの研究をしていて、よく聞かれるのは、「人間はアンドロイドになることによって、死ななくなりますか？」である。この質問の裏には、アンドロイドは姿形だけでなく、人間の脳に相当するコンピュータまでも、人間の脳と同じようになるという期待がある。

しかしながら、それが実現できるかどうかはいまだ明らかではない。今のコンピュータやロボット技術の開発速度を鑑みれば、一〇〇〇年も経てば十分に可能になると思われるが、この一〇年や二〇年で可能であるとは思えない。ただもし仮にそれが可能だとするならば、人間は生身の体を捨て、死んで朽ち果てることのないアンドロイドの体と脳を用いて、永遠に生きることができるのではないかと、多くの人は想像しているように思う。

しかし、そうした人間の脳の代わりに用いることができるコンピュータの実現を待たずとも、アンドロイドになってその社会的人格を再現することで、社会的には永遠に生き残ることができるのである。そして、それは単に生き残るのではなく、より尊い存在として生き残ることになる。

また、アンドロイドの研究をしていると、「ロボットは人間に危害を加えますか？」という質問を頻繁に耳にする。しかし、

〈いまのところロボットは人間よりもはるかに安全で、人間よりも社会規範を厳密に守れる存在である〉。


罪を犯すのは常に人間で、危険な行為をするのも人間である。今後、ロボット技術が進歩して、ロボットがより人間に近い存在になっても、ロボットには社会規範やモラルを厳密に守るためのプログラムを実装できても、同様のことを人間にすることはできない。

人間のようなロボットや、人間に酷似したロボットであるアンドロイドが、世の中で数多く

活躍するようになれば、

〈ロボットやアンドロイドが社会規範やモラルを先導する〉

ことになる。特に偉人アンドロイドは人々の生きる目標となって、人間社会を牽引する可能性があると思う。

4章　自律性とは何か

人間の意図や欲求

3章までは、様々なロボットやアンドロイドを紹介したが、これ以後の章では、そうしたロボットやアンドロイドに関わる基本的な問題ごとについて、議論をしていこう。そういった基本問題には、自律性、心、存在感、対話、体、進化、生命という、解かっているようで解かっていないものがある。またこれらは、1章でも述べた、ロボットを用いた構成的方法によって理解すべき、人間やロボットのメタレベルの認知機能と深く関わる。

まずは、自律性である。これまでに開発したアンドロイドの中で、その内部の仕組みも含めて最も人間らしいアンドロイド「エリカ」を紹介しながら、その自律性について議論していく。

図4-1に示すのが、自律的に対話ができるアンドロイド「エリカ」である。

このエリカは、科学技術振興機構（JST）の戦略的創造研究推進事業（ERATO）において、私が研究統括を務める、石黒共生ヒューマンロボットインタラクションプロジェクト(二〇一四年七月―二〇二一年三月)で開発された。この戦略的創造研究推進事業は、数多くある文部科学省の研究開発事業の中で最も規模が大きく、研究統括に大きな裁量が与えられており、この事業に採択されると非常に挑戦的な研究テーマに取り組むことができる。私の場合は、それまでに培っていた人間酷似型ロボットの技術を進化させ、可能な限り人間に近いロボットを実現することを目標に、研究開発を行った。

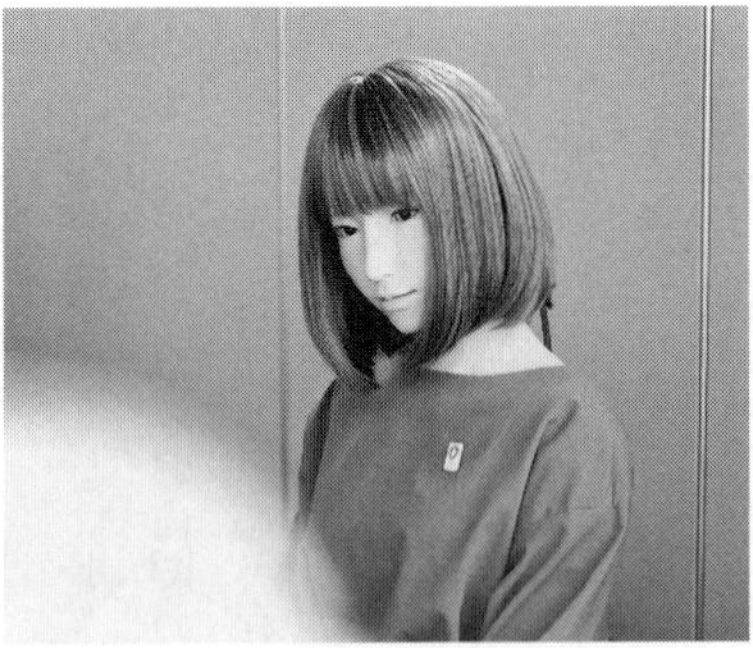

図4-1　アンドロイド「エリカ」

人間に近いロボットを実現するには、先に述べたように、知能や身体性など様々な問題を解決しなければならない。そうした問題の中で、これまであまり取り組まれてこなかったのが、意図や欲求である。エリカの開発では、この意図や欲求をエリカに与えることを目標にした。

では、この意図や欲求はエリカ以前のロボットではまったく実装されてこなかったのかというと、実はそうでもなく、明示的に意図や欲求を実装したと説明されていなくとも、それに近いものが実装されてきた例はたくさんある。

例えば、自律的に掃除をする掃除ロボット「ルンバ」であるが、ルンバは外から見ていると、明らかに「掃除をしたい」という欲求を持っているように見える。ルンバ以外にも自律的に行動するロボットには、何らかの形で意図や欲求が埋め込まれているはずである。

ルンバをはじめ、多くの自律ロボットは、センサからの入力に対する行動を適切にプログラムすることで、自律的に動くようになっており、明示的に意図や欲求がロボットの内部で表現されてはいないが、結果的に、意図や欲求を持っているかのように行動するようになっている。

例えば、「壁を見つけたら、壁に沿って移動する」「階段を見つけたら、落ちないように停止して、反対の方向に移動する」というような、センサからの入力と取るべき行動がセットになった、反射行動と呼ばれる比較的小さいプログラムをたくさん持っていて、それらを適切な順序で動かすことで、掃除などを自律的に行うことができるようになっている。

サブサンプションアーキテクチャ

このような反射行動をたくさん準備してロボットを動かす仕組みは、「サブサンプションアーキテクチャ」と呼ばれる。このサブサンプションアーキテクチャは、動物の行動の仕組みか

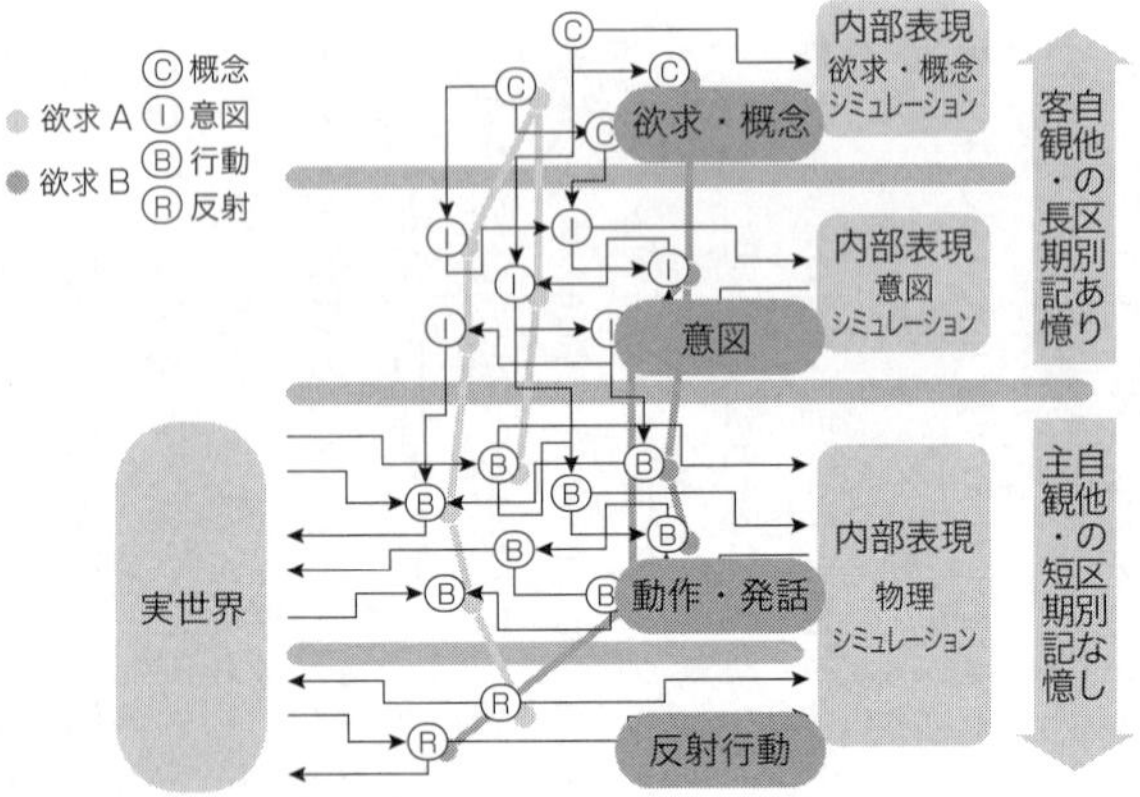

図 4-2　人間の意図や欲求の仕組み

らヒントを得て、マサチューセッツ工科大学のロドニー・ブルックス教授が、一九八六年に考案した。サブサンプションアーキテクチャによって設計された自律的に行動するロボットは、明示的な意図や欲求は持たないけれども、昆虫や動物のように、自律的に行動することができる。

一方で、人間は明示的に意図や欲求を持って行動している。エリカの研究開発では、そのような明示的な意図や欲求を実装することをめざした。

そのために、まず動物ではなく、人間がどのように意図や欲求を持っているかを考えることから始めた。図4-2は、私たちが考えた人間の意図や欲求の仕組みである。この仕組みが正しいことを検証するのは容易ではなく、今に至っても一つの仮説に過ぎないのではあるが、これまで議論した多くの研究者にはおおむね同意していただいていると思っている。

私は、人間の意図や欲求の仕組みにおいて重要なのは、生まれてしばらくは、動物と同様に反射行動を頼りに行動し、成長して自我を持つようになってから、自らの欲求の存在に気づくという点だと考えている。生まれてすぐの赤ん坊も、自ら泣いたり、お乳を飲んだりできるが、動物同様に反射行動の組み合わせで行動している。そして、成長しながら様々な知識を獲得する中で、自分自身についても理解できるようになり、ご飯を食べたくなる自分を客観的に見て、自分には「食欲」という欲求があることに気づくようになる。すなわち、

〈人間は、反射行動に埋め込まれた欲求を持って生まれてくる〉

のである。そして、

〈人間は、自らの行動を客観的に認識できるようになって、初めて欲求の存在に気づく〉

のである。

欲求を意識できるようになれば、そこから意図を生み出し、行動を計画できるようになる。赤ん坊は、目の前にあるものを見て、むやみに口に運ぶ。なぜそうするか自分では意識せず、反射的に口に運ぶ。しかし、成人はお腹がすくと、それをきっかけに、食欲があることを意識し、その食欲を満たすためにはどのような意図を持てばいいかを考える。例えば、「レストランに行く」という意図である。そしてその意図を満たすための行動パターンを考え、その行動パターンに従って行動する。「車に乗る」「レストランまで運転する」「レストランに歩いて入る」というように。

ロボットの意図や欲求

では、エリカに図4-2に示される、複雑な人間の意図や欲求の仕組みを実装したかというと、そうではない。この人間の成長とともに意識される欲求の仕組みを、ロボットに実装することは非常に難しい。そもそも、実世界と長期に関わりながら成長するロボットを実現するには、長期間、人間社会の中で活動できる、簡単に壊れないロボットが必要である。残念ながらそのようなロボットは存在しないし、すぐに開発することもできない。むろん、そのようなロボットの開発には、私の研究グループでも挑戦しているのであるが、いまだ完成していないた

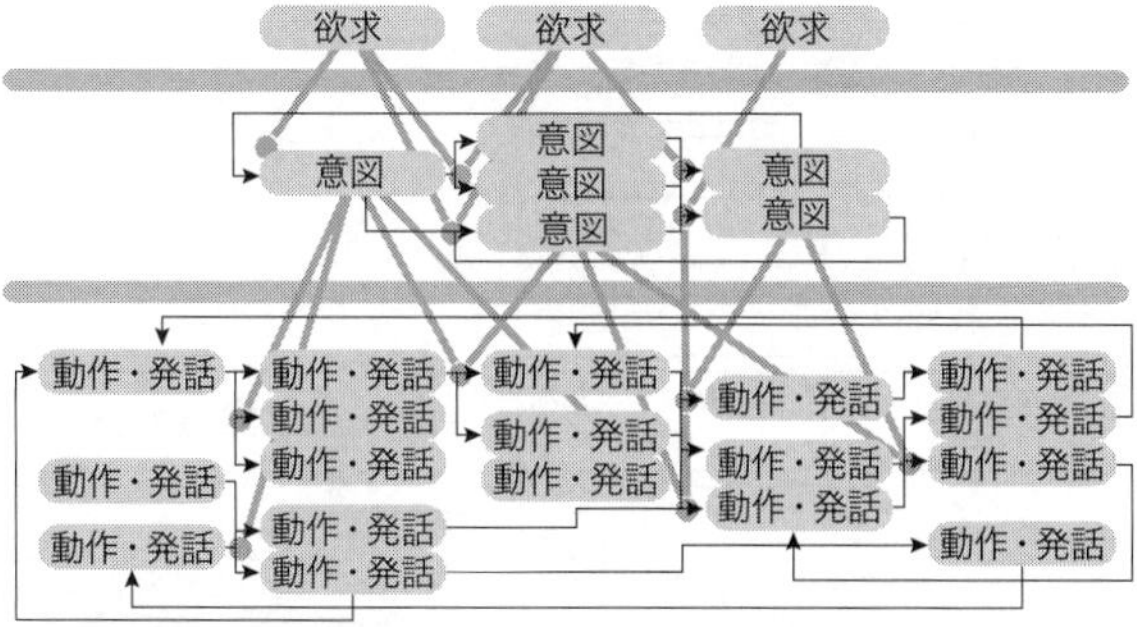

図 4-3　アンドロイド「エリカ」の意図や欲求の仕組み

めに、利用することができない。

そこでエリカの研究開発では、図4-3に示す、自我を持つ大人にそなわっていると思われる、比較的単純な意図や欲求の仕組みを採用した。

大人は自我を持ち、多くの場合、自分の欲求を理解している。そして、その欲求を満たすために、意図を生成して、その意図をもとにいろいろな行動を取る。欲求が意図を生み、意図が行動を生むという比較的単純な階層構造になっていると想像される。むろん、この階層構造に明確な科学的根拠があるわけではない。人間の脳や体の機能は完全に理解されているわけではなく、意図や欲求がどのように人間に埋め込まれているかは、いまだに明確になっておらず、理解が非常に難しい問題である。

しかし一方で、人間の行動を観察したり、自分の行動を思い返したりすれば、おおむねこのような仕組みになって

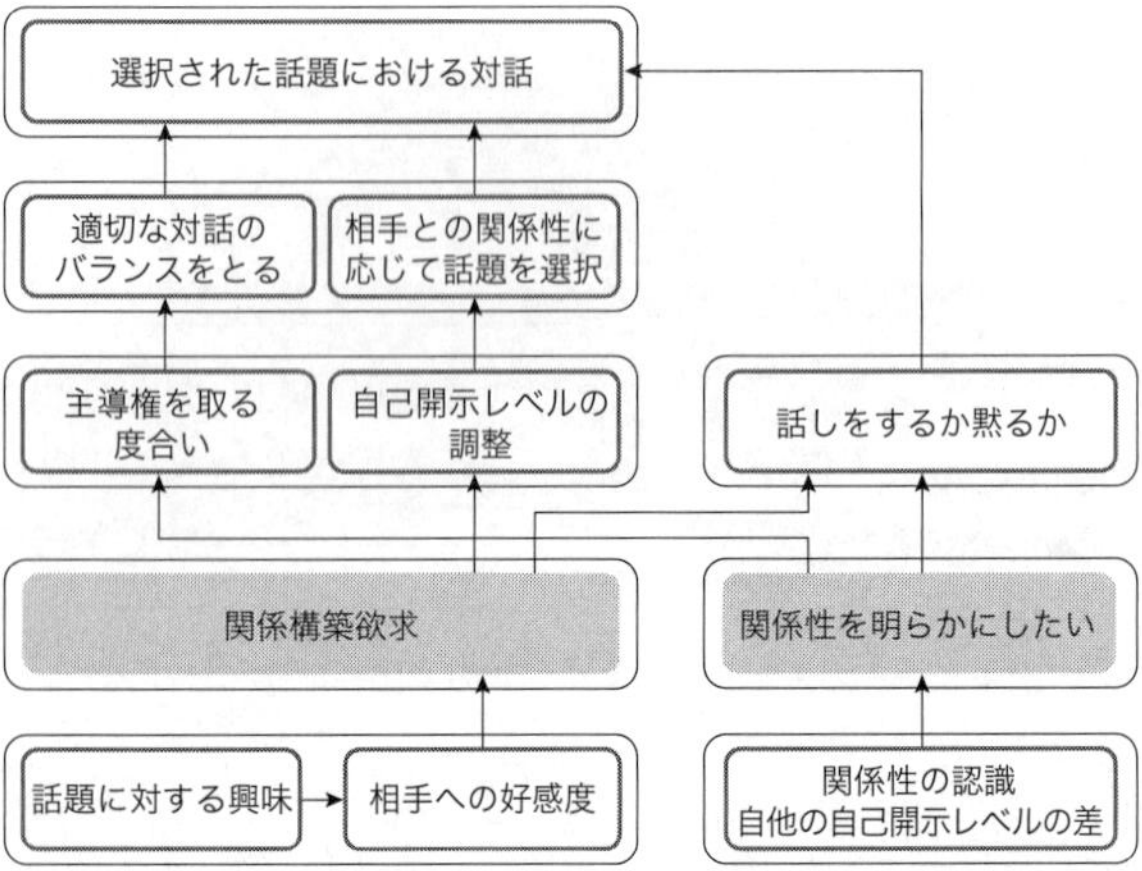

図4-4　実装された意図や欲求

いると想像される。また何より重要なのは、1章で述べたように、構成的方法によって、人間の複雑な仕組みを理解することである。

人間の意図や欲求がどのように、その脳や体に埋め込まれているかは、理解が非常に難しい。しかし予想される意図や欲求の仕組みをロボットに実装し、そのロボットが人間らしく振る舞うことができたなら、その実装された仕組みは、人間の複雑な意図や欲求の仕組みを理解するきっかけになる可能性がある。

図4-4は、実際に実装したアンドロイド「エリカ」の意図や欲求の構造を示している。この意図や欲求の構造に至るまでに、何度もシステムを造り変えながら、最終的には、欲求として与えるべきは、個人的な欲求と、社会的な欲求であると

いう結論にたどり着いた。

人間の場合、自己保存の欲求と種族保存の欲求が、最も根本的な欲求とされている。個人的な欲求と社会的な欲求というのは、それぞれ、自己保存の欲求と種族保存の欲求に対応しているかのようである。アンドロイドの場合、自ら体を維持するわけでもなく、自らが子孫を残すわけでもないが、自己保存の欲求を個人的な欲求、種族保存の欲求を社会的な欲求と考えれば、アンドロイドも人間に似ている。

アンドロイド「エリカ」は、研究所の受付の付近に座って、来客と対話することを目的として開発した。そして、そのような目的を果たすために必要な欲求として、「他者と関係を構築したい(図4-4の関係構築欲求)」という個人的欲求と、「社会の中での自分の立ち位置を把握したい(図4-4の関係性を明らかにしたい)」という社会的欲求を実装した。

この二つの欲求を満たすために、エリカは、対話において主導権を取る度合いを調整したり、対話における自己開示レベルを調整したり、話しをするか黙るかを判断したりするという、意図を決定する。そして、それらの意図がさらに具体的な動作を生み出して、実際に人と対話する。図4-4は意図や欲求の構造を非常に単純化して描いているのであるが、実際には、非常に複雑で膨大なプログラムとなっている。

この意識や欲求の構造は、理化学研究所の港隆史研究員（当時ATR研究員）、ATRの境くりま研究員、船山智研究技術員、山口大学の小山虎講師（当時大阪大学特任助教）などとともに、数年の議論と実装を通して造り上げた。

音声に伴う人間らしい動作

人間らしく振る舞うアンドロイドを実現するためには、意図や欲求の仕組みだけでなく、多くの無意識的に人間が行う動作を実装する必要がある。そのような無意識的な動作の中で、特に重要なのが発話に伴う動作である。人と対話することを目的に開発しているエリカにおいては、最も重要な機能である。

人間は人と対話する際に、特に意識することなく、唇や頭部や手足を動かしている。この対話に伴う体の動きを、どれほど人間らしく再現できるかが、アンドロイドの人間らしさに深く関わる。

人間の発話と体の動きをていねいに解析すると、両者は非常に深く関わっていることが解かる。

まず唇である。発話すれば唇が動くのであるが、その動きは、声の周波数と深く関係する。

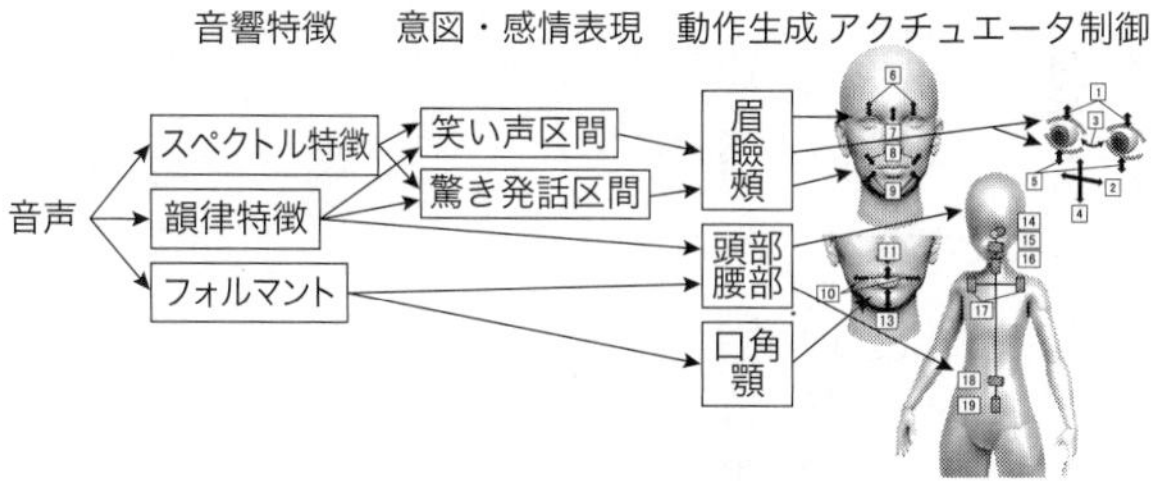

図4-5　声からの唇，頭部，腰の動きの生成

声の周波数を分析すると、特定の周波数においてピークが現れる。そのピークの周波数の低いものから順に、第一フォルマント、第二フォルマントというように名前がつけられているのであるが、この第一と第二フォルマントが、唇の縦や横の開きに密接に関わっている。そこで、私たちの研究グループは、この第一と第二フォルマントから唇の動きを推定する技術を開発し、それをもとに、アンドロイドの唇を声に応じて動かせるようにした。

図4-5に、その仕組みを示している。まず図の左端に示されるように、音声がコンピュータに送られてくると、コンピュータは、音声のスペクトル特徴、韻律《いんりつ》特徴、そしてフォルマントを抽出する。そのフォルマントからは、唇の動きを推定することができる。同様に、頭部や腰の動きもこのフォルマントから予測することができる。

また、音声を分析し、スペクトル特徴や韻律特徴を取り出すと、笑い声や驚きの発話を識別することができる。その識別結果をもとにして、アンドロイドの眉や瞼《まぶた》や頬の動きを制御すると、アンドロイドは笑いや驚きの発話に応じて、自然に顔の表情を変化させることができる。

さらには、声を分析すれば手の動きも再現することができる。人は話しをする際に、それぞれ独特な手の動かし方をする。特定の人を選び、様々に発話してもらいながら、声と手や体の動作の関係を分析し、その結果をもとにアンドロイドの手や体を動かすと、その人らしく手や体を動かしながら話すアンドロイドができあがる。

ただし、手の動きは唇や顔の表情とは異なり、個人間の違いが大きい。唇や顔の表情については、アンドロイドのモデルが変わっても同じプログラムによって、その動作を生成できるが、手の動きはアンドロイドのモデルごとに動作生成のプログラムを作り直す必要がある。これら一連の声から動作を生成する研究は、理化学研究所の石井カルロス寿憲研究員(当時ATR研究員)らとともに取り組んできた。近年では、この声からの動作生成においても、ディープラーニングが利用できるようになり、さらに人間らしい動作を生成できるようになってきている。

対話を続ける傾聴機能

声からの動作生成と同様に対話において重要となるのが、傾聴《けいちょう》の機能である。この機能は京都大学の河原達也教授らが、私が研究統括を務めたＪＳＴ ＥＲＡＴＯ石黒共生ヒューマンロボットインタラクションプロジェクトにおいて開発した。

傾聴とは、人の話を聴くという意味であるが、ここで開発したのは、「人の話を聴いているかのように振る舞う」という機能である。図４‒６に傾聴するアンドロイドの様子を示す。

図4‒6　エリカによる傾聴対話

人間は、人の話を完全に理解していなくても、「はい、はい」とか「そうですか」と相槌《あいづち》を打ったり、または、相手が話した単語を繰り返しながら、話しを続けたりすることができる。相手の話しの意味は、ある程度長く聞いてからでないと理解できないが、理解する前に相槌を打ちながら、まるで理解しているかのように話しを続けるのである。

このような機能は、自律的に対話するアンドロイドにも必要不可欠である。ただし、現在のアンドロイドは、たとえ長く話しをしたとしても、必ずしも人間のように対話内容の理解が深まるわけではない。むしろ対話そのものを続けるための機能として、この傾聴の機能が必要となる。

アンドロイドは人間と対話する際に、常に完全に音声を認識することができるわけではない。また、その話しの内容を完全に理解することは現在の技術では不可能である。ここで実装している傾聴の機能では、人間が人の話を聞くときに、どのように相槌を打っているかを解析して、その意味を理解するのではなくて、発話のパターンから相槌を打つタイミングや、相槌の種類を決定している。当初は従来のパターン認識の手法を用いていたが、近年では、ディープラーニングを用いて、人間とほぼ同じ反応速度で相槌を打つことができるようになっている。

アンドロイドが適切なタイミングで相槌を打つようになると、アンドロイドと対話する者は、気分よく話しをすることができる。しかし、相槌だけしか打たないアンドロイドは、しばらくすると飽きられてしまう。人間も同様で、相槌しか打たない人に対して、本当に話を聞いているのか疑いを持つようになる。

そこで、相槌に加えて、「リフレーズ」の機能も実装した。リフレーズとは、相手の話しの中で重要そうな単語を一つ取りあげて、それを繰り返すことである。相手が「旅行に行きました」と言ったら、「旅行ですか」と繰り返すのがリフレーズである。このリフレーズする単語は、相手の発話を完全に認識しなくても取り出すことができる。

私たち人間も人の話しをぼんやり聞いていても、その人が何について話そうとしているかくらいは、推定することができる。同様に、発話内容に現れる単語を分析すれば、発話内容全体を完全に認識していなくても、その発話において重要な単語を取り出すことができるのである。相槌に加えて、このリフレーズを行うと、対話者はアンドロイドが本当に話を聞いているように感じる。

またさらに、アンドロイドが深掘り質問をすると、より対話感が高まる。リフレーズの場合は、例えば「旅行ですか」と繰り返すだけであるが、「どんな旅行ですか？」と、問いかけるようにすると、対話者はそれに応えようと話しを続けるようになる。この深掘り質問も、完全に相手の発話を認識しなくても、深掘りできそうな単語を取り出すことができる。

人と対話するアンドロイドでは、まずは対話を継続できることが重要である。対話が途切れてしまえば、アンドロイドと人間の関係はそこで終わってしまう。そのためにこのような傾聴対話の機能を、アンドロイドに実装している。

むろん、この傾聴対話の機能の先には、人間の発話内容を深く理解する対話機能が必要になる。その機能の開発は、これからの重要な課題である。

間違いを正す機能

傾聴に加えて、人との対話において重要になる機能が、発話衝突の回避や間違い訂正の機能である。

人どうしの対話においては、時折発話が衝突することがある。アンドロイドの場合、人間よりも反応速度が若干遅いために、せっかちな人と話しをすると、この発話衝突が起こりやすい。

この発話衝突を検出して、発話を相手に譲ったり、自分が先に話すと主張したりする機能の実装はけっこう難しい。どのような場合に、相手に発話を譲るのか、どのような場合に自分が先に話すのかの判断は、人間の場合もまちまちである。せっかちの人は、常に自分から先に話しをしようとする。

アンドロイドの場合、人間よりも対話における反応速度が遅く、発話も比較的にゆっくりしているので(速くすることもできるが、聞きやすくするためにゆっくりめに話しをさせることが多い)、発話衝突が起こった場合は、「先に話しをしていいですか」と自分が発話権を取るようにしている。そうしないと、せっかちな人を相手にした場合、自ら発話するのが難しくなり、相手がたくさん話しをすると、その話しを理解することがより困難になるからである。

発話衝突の検出については、相手の発話内容を理解する音声認識とは別に、発話衝突の検出に特化した認識プログラムを常に走らせている。アンドロイド自らが発話している際にもプログラムは起動されており、発話衝突を検出する。

発話衝突に加えて、重要なのが間違い訂正の機能である。発話中に、アンドロイドが間違ったことを話すと、対話者から「エリカさん、間違ってますよ」と指摘を受けることがある。相手の指摘を認識したら、アンドロイドは、ただちに話しを止めて、「もう一度御願いします」と相手に発話を繰り返してもらい、その繰り返された発話を正しく認識して話しを進める必要がある。

これらの発話衝突を回避する機能や間違いを修正する機能は、人間らしいアンドロイドにとって非常に重要である。これらの機能がないと、アンドロイドの応答は壊れたロボットのようなものになってしまう。

一方で、これらの機能の実装には意外に手間がかかる。アンドロイド自らが発話している間にも、アンドロイドは対話者の声を認識し続ける必要がある。すなわち発話と認識という二つのことを同時に行わなければならない。また、自分の声と対話者の声を分離しながら、対話者の声を認識する必要があるため、通常の音声認識よりも手間がかかるのである。

図4–7　訪問者と対話する「エリカ」

自律対話アンドロイド「エリカ」

これまでに説明した様々な機能をすべて実装して完成したのが、図4-1に示した自律対話アンドロイド「エリカ」である。このエリカという名前は、このアンドロイドを開発したプロジェクト、JST ERATO石黒共生ヒューマンロボットインタラクションプロジェクトの名前にもとづいてつけた。

このエリカは、三体造られ、それぞれ、大阪大学、京都大学、ATRの三つの研究機関に設置されている。図4-1はATRのエリカで、このATRのエリカには、ここまでに説明してきた大阪大学や京都大学やATRで開発されたすべての機能が実装されている。

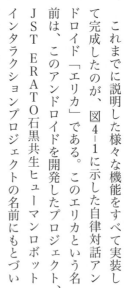

ATRでエリカは、前に述べたように一階の受付近くのロビーに常に座っている。そして、図4-7のようにATRにやってくるいろいろな人たちと対話している。

エリカは次のように、人と自然に話しをする。まず、周りに誰もいない状態では、スマートフォンを見ながら、ロビーの一角に座っている。そして、そこに人がやってくると、「よかったらお話ししていきませんか？」と声をかけ、人を自分の前にあるソファーに招き入れる。いったん人を招き入れると、エリカは、主に初対面の人との対話においてよく話される一五〇以上の話題について、自分の状態や相手の状態に応じて選びながら話しをする。人間でも、初対面の人と話しをするのはなかなか難しいが、エリカはそうした話しの苦手な人よりも、豊富な話題で話しをすることができる。

エリカが話せる話題としては、初対面の人とよく話題にする、天気などの浅い対話から、より深い対話まで準備されている。エリカは対話者と話しをしながら、話題の中から適切なものを選んで対話を進めてゆく。

図4−8は、エリカの対話の進め方を示している。最初は、一番左の対話不参加という状態から始まる。誰とも話しをしていない状態である。そして話しができる状態になれば、深掘りできる話題を探索するための、浅い対話を行う。深掘りできる話題が見つかれば、話題の深掘りを行う。話題の深掘りが終われば、再び、深掘りできる話題を探索する浅い対話を行う。

深掘りできる話題の探索をしている間や、話題を深掘りしている間にも、対話者は文脈を無視した対話を仕掛けてくることがある。そうした場合は、文脈破綻回避の対話を行い、相手の質問に応えながらも、可能な限り、もとの文脈に戻って対話を続けるようにする。

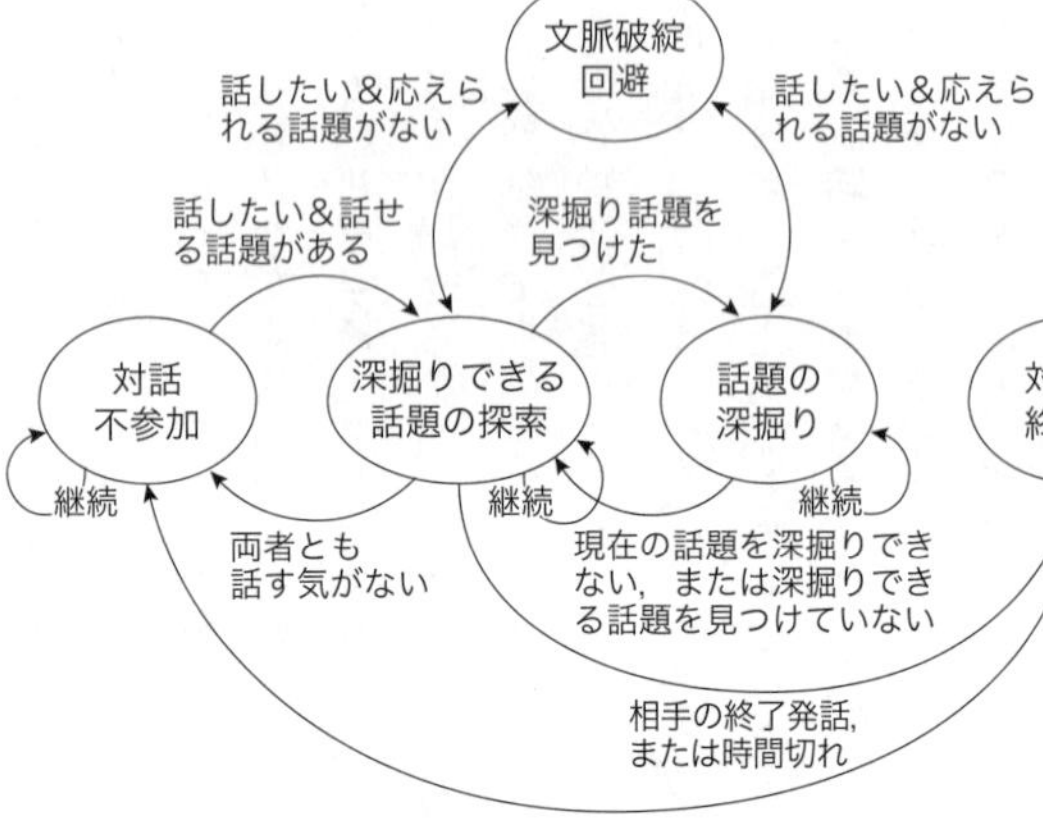

図4-8　エリカの対話の進め方

そして、一定の時間が経過したり、対話者が「さようなら」と言ったり、席を立った場合には、対話を終了する発話をして、対話を終える。

話題の選択において、エリカは相手との関係を、自らが持つ主に五つの「内部パラメータ」によって推定し、それにもとづいて話題を選択する。内部パラメータとしては、自分の気分、対話相手への好感度、自己開示の度合い、わがまま度合い、相手との関係性がある。

わがまま度合いは、エリカが話題を選択するときに、自身の選びたい話題を選択するか、相手に話題選択を譲るかを決める内部パラメータである。ここで、選びたい話題というのは自己開示の度合いによって決められる話題である。返報性《へんぽうせい》の法則（相手から受けた好意などに対し「お返し」をしたいと感じる心理）に従って、自分が話題を選んだあとは、次は相手に話題選択を譲るように、わがまま度合いは下がる。逆に、相手が話題を選んだあとは、わがまま度合いが上がる。相手が話題を選んで話しださないと、エリカが話題を選んで話すことになるが、それが続くとどんどんわがままになっていく。

話題と話題の間に沈黙があるときに、わがまま度合いが大きいと、エリカは真っ先に話題を選択して話しだし、わがまま度合いが小さいと、エリカは相手が話しだすのを待つ。

エリカの感情には、瞬間的に相手の応答などで変化する感情と、対話を通して徐々に変化する長期的な気分の二つがある。感情は、例えば、相手の発話に対して驚きの表情を表出するというようなものである。気分には、喜び、覚醒《かくせい》、優勢の三つの要素がある。喜びは、その名の通り喜び度合いを表す。覚醒は、関係性が低い相手ほど覚醒が高く緊張状態になり、関係性が高い相手ほど覚醒が下がり、リラックス状態となるように変化する。優勢は、エリカのわがまま度合いに同期しており、エリカが自身を優先する場合に、支配的な感情になる。また、気分は表情だけでなく、対話を継続するかどうかにも影響する。

エリカの対話相手に対する好感度は、次のように変化する。対話者がエリカの好むことを言った場合には増加する。例えば、エリカは恋愛小説が好きという設定で、エリカが好きな本を相手に尋ねて、相手が恋愛小説と答えたら、好感度が上昇する。一方、対話破綻がおきたら、相手とは、うまく話せないので好感度が下がる。一つの話題が終わるたびに、その話題への興味の度合いが、自分と対話相手で一致しているかどうかを判定し、それに応じて好感度は増減する。さらに、好感度は対話を継続するか、どの話題を選ぶかなどにも影響する。

エリカは常に対話者の表情や動作や発話パターンを認識しており、それらにもとづいて、対話者が好意的に反応しているかどうかを判断している。そして、自分の気分も、観察から推定される相手の気分のどちらも、高まっており、自分の相手に対する好感度も、観察から推定される、相手の自分に対する好感度も高いと予測されると、エリカは、より個人的な話題を提案するようになる。一方で、相手が対話に熱心でないと、エリカもしだいに話さなくなり、何か気まずい雰囲気になる。エリカは黙ってうつむきながら、スマートフォンを見るようになる。

すなわち、エリカは自律対話ロボットとして、その意図や欲求に従って行動するように設計されている。ゆえに、常に誰とでも元気に楽しく話しをするわけではなく、対話者の反応を見ながら、人間として自然な対応をするように設計されている。

エリカはこれまで、数百人と対話を重ねてきた。そしてそのたびに、対話における不具合を修正し、足りないボキャブラリーを補ってきた。その結果、今では、初対面の人と五分から一〇分くらい、自然に対話ができるようになっている。

また、対話相手の顔を覚える機能もあり、二度目に会った場合は、以前とは異なる話題で話しをする能力もある。しかしながら話せる話題は限られているため、二度目くらいまでであれば、ある程度深い話しができるのであるが、人間のように会うたびにどんどんと新しい知識を交換し、どんどん深い話しができるわけではない。今後の研究で改良していくべき重要な点である。

繰り返しになるが、エリカはATRのロビーで、主に初対面の人と話しをするという状況において、五分から一〇分、人間らしく自然な対話が可能なアンドロイドである。非常に限られた目的や状況であるが、おそらく世界で最も人間に近いアンドロイドである。

このエリカの最終的な開発目標は、1章で述べたマルチモーダルチューリングテストに合格することである。簡単におさらいすると、ロボットが人間によって遠隔操作されて動いているのか、それともすべてコンピュータが制御しているのか区別がつかないとき、ロボットはマルチモーダルチューリングテストに合格したとする。

このマルチモーダルチューリングテストは、コンピュータの知的レベルを判断するチューリングテスト同様、その知的レベルを厳密に判定するものではなく、人間らしさを評価する一つの判断基準にしか過ぎない。しかし、それでも人間らしいロボットの研究においては重要な目標の一つである。

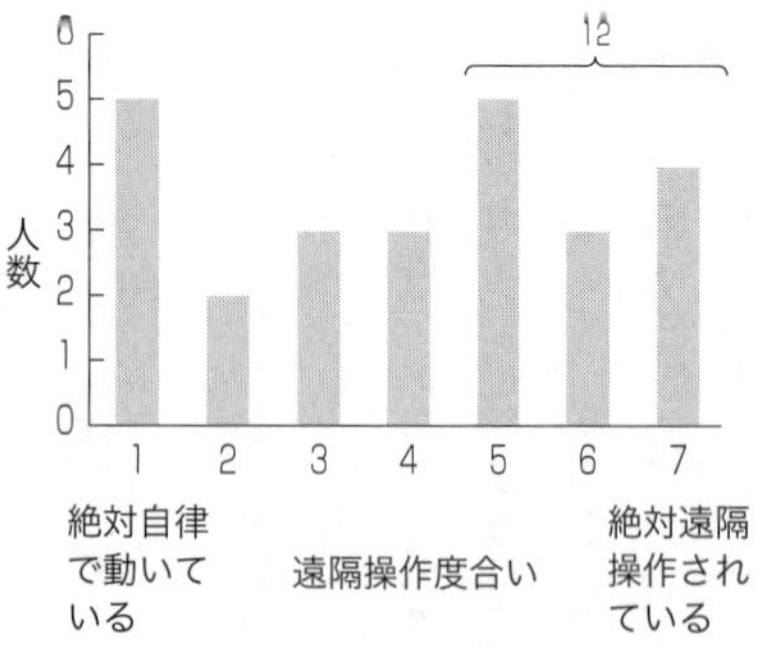

図4-9　マルチモーダルチューリングテスト

実際にエリカを対象に、二五人の被験者に評価をしてもらった。エリカと五分から一〇分話しをしてもらった後に、遠隔操作されていると思った度合いを、7段階で被験者に尋ねた。その結果を図4-9に示す。エリカは遠隔操作されていないにもかかわらず、四人が絶対遠隔操作されている(7点)と回答し、全部で一二人が5点以上で回答している。つまり半数程度は、ある程度、遠隔操作されていると思っている。

すなわち、二五人中の四人に対して、エリカは完全にマルチモーダルチューリングテストをパスすることができたのである。状況や目的が限定されたエリカであるが、マルチモーダルチューリングテストに合格するケースが見られたことは非常に重要な技術の進展である。

選好モデルと人間関係

エリカは、初対面の人と対話する機能だけでなく、相手の好みについて質問をしながら、人間関係を推定する機能を持つ。エリカの意図や欲求のモデルは、人間と関係性を築くことも目的に設計したが、そのエリカの能力をさらに拡張するために、エリカには、対話相手の好みを推定しながら、複数の人の人間関係を推定する機能が実装されているのである。

具体的にはエリカは、自己の選好モデルと類似モデル、そしてエリカが推定する話し相手の選好モデルと類似モデルを持つ。

自己の選好モデルとは、エリカ自身の好みのモデルである。この選好モデルは、プログラマーによって設計されたエリカの個性として、あらかじめエリカに与えられている。

自己の類似モデルとは、例えば、清水寺と東大寺は似ていないと、あらかじめプログラマーによってエリカに与えられている、世界を認識するためのモデルである。もっともこの類似モデルは、エリカ自身が自らのセンサで観察することで、エリカ自身が更新していくことができる。

図4-10　対話によって相手の選好モデルを推定するアンドロイド

エリカは、図4-10に示すように、相手との対話を通して、自分の選好モデルや類似モデルと比較しながら、相手の選好モデルや類似モデルを、効率よく推定していく。推定している相手の選好モデルを参照して、まだ埋まっていない部分について、相手に質問して、その部分を埋めていくのである。

そして相手との対話において、相手の選好について何か解かったとすると、すぐに類似モデルを参照して、似ているものにも、同様の選好推定結果を割り当てる。相手の選好モデルや類似モデルが埋まっていない初期の段階では、主に自分の選好モデルや類似モデルをもとに、相手の選好モデルや類似モデルを推定し、ある程度相手の選好モデルや類似モデルが埋まってきたら、今度は、相手の選好モデルや類似モデルをもとに、埋まっていない部分を推定していく。

このように選好モデルや類似モデルを組み合わせて用いると、比較的少ない質問で、相手の選好モデルが推定できる。そして、複数の人と対話し、複数の人の選好モデルや類似モデルを蓄えた状態になると、それらとの比較によって、一、二回の質問でも、相手の選好モデルをただちに推定することができるようになる。

相手の選好モデルが推定できれば、相手がどのような好みを持っているか、誰と似ているか、誰と似ていないかなど、人間関係を推定する手がかりを得ることができる。エリカはそうした人間関係の手がかりにもとづいて、相手と話しをすることができる。

私たち自身の日常会話をあらためて思い出してみると、相手や自分の好みについての話題が非常に多い。そして、「あの人は自分に似ている」といった、好みからの人間関係の推定も頻繁に行っている。

〈日常会話の主な目的は、相手の好みを推定し、人間関係を推定することにある〉

と言っていいだろう。

この点において、エリカに実装した意図や欲求や、この選好モデルや類似モデルから人間関係を推定する機能は、エリカの人間らしい対話を実現するための重要な機能になっている。

自律性の本質

ＪＳＴ ＥＲＡＴＯ石黒共生ヒューマンロボットインタラクションプロジェクトでは、エリカに加えて、もう一台、「イブキ」と呼ぶ、移動型子どもアンドロイドを二〇一九年に開発した。図4－11が、そのイブキである。

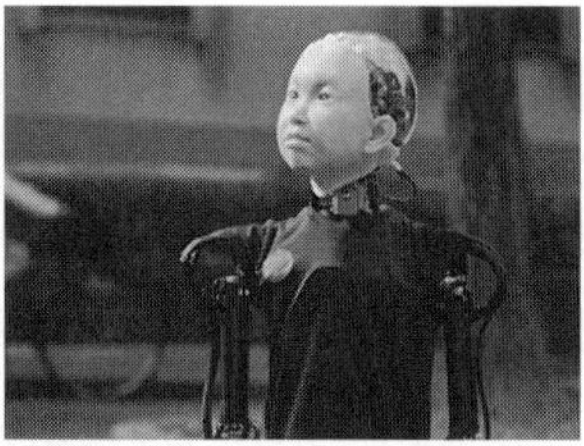

図4–11　移動型子どもアンドロイド「イブキ」

エリカの問題点は、大人の姿形であるために、対話者は大人と同レベルの知能を期待し、大人同様に話せることを期待する。それゆえに状況や目的を十分に限定して、そのうえで可能な限りたくさんの話題を準備し、大人レベルの知的な対話を実現する必要があった。逆に言えば、状況や目的を変えると、まともに対話ができなくなり、新たな話題を準備し直す必要がある。加えて、エリカは歩き回ることができないので、経験を増やすこともなかなか難しい。いつもＡＴＲのロビーに座りながら、人が話しかけてくれるのを待っている。

そこで、移動できる子ども型のアンドロイドを開発した。

大人のアンドロイドに移動できる歩行や車輪移動の機構を持たせるには、かなり大がかりになり、重量も重くなるので、倒れると危険である。しかし子どものサイズであれば、倒れてもそれほど危険ではない。またサイズが小さいために、人がいる環境を動き回っても邪魔になりにくい。

そして何よりも重要なのが、大人並みの知能を埋め込む必要がないことである。人間の子どもそっくりの見かけをした、子どもアンドロイドであるから、子どものように振る舞うことができる。周りに知らないものがあっても「これ何？」と周囲の人間の大人に聞けばよい。また、周囲の人間の言ったことが解からなくても、何度でも聞き直すことができるし、そうした子どもに人間の大人は、辛抱強く関わってくれる。

すなわち子どもの移動型アンドロイドであれば、図4－12に示すように、あちこち移動しながら、人間に質問しながら、助けを求めながら人間との間で関係を構築することができるのである。知識は人間との関わりを通して得ることができるのである。このようなロボットの研究開発を

〈社会養育ロボット学〉

と呼ぶ。最初から社会の中で受け入れられる子どもの姿形をロボットに与え、ロボットが社会

図4–12　人と手を繋ぎながら移動するイブキ

の中で人と関わりながら、人や環境から知識を獲得して、成長していくという新しいロボット研究である。

従来のロボット研究は、研究室の中で大人レベルの知能を持つロボットの実現をめざしていた。しかし、研究室の中でロボットに教えられることや、実装できることには限界がある。ロボットは、自ら人と関わり、足りない知識や経験を獲得していく必要がある。

なお、このイブキは、エリカのようなアンドロイドとは異なり、空気アクチュエータを使っていない。音がほとんどしない減速比の小さい静かなDCサーボモータで構成している。そのために、圧縮空気を作り出すコンプレッサーも必要なく、バッテリーで自由に動き回ることができる。

イブキには、もう一つ重要な工夫が施されている。それは移動に伴う、体の上下動である。イブキには安全上の問題や安定性の問題から、その移動に二足歩行機構ではなく、車輪移動機構を採用している。しかし単なる車輪移動だと、動きがとてもロボット的になり、その人間らしい見かけにそぐわない。ときには非常に不気味に感じられる。そこで車輪移動機構に、上下動のメカを組み合わせて、移動する際に、まるで歩いているように体が上下左右に振れるようにした。この新たな移動機構により、イブキは人間の子どもが歩いているように移動することができる。

社会養育ロボット学の研究は始まったばかりで、イブキのハードウェアもまだまだ完成度は高くない。今後さらなる研究開発が必要である。

5章　心とは何か

ロボットに感じる心

エリカのように、特定の状況や目的において人らしく人と対話できるロボットに対して、人は、感情や意識があると感じる。なかには、心さえ持っているのではないかと感じる人もいる。心とは何かは、むろん、いまだ解明されていない問題であるが、感情や意識と深い関係があることは疑う余地のないところであろう。それゆえ、感情や意識を感じるロボットやアンドロイドに心を感じるのは、ある意味自然なことである。

この心を感じるという点に、人と関わるロボットの最も大きな役割がある。心は非常に複雑な脳の仕組みが生み出していることは間違いない。しかし、それを直接脳科学的に調べることは非常に難しい。頭蓋骨を取り外し、脳の中で何が起きているかをつぶさに観察できるのならば、可能なのかもしれないが、むろんそのような乱暴な方法で研究することはできない。それゆえ、人と関わるロボットを用いるのである。

人と人のように関わるロボットを開発し、そのロボットに人間の対話者が心を感じるなら、そのロボットの中には、心のメカニズムが実装されている可能性があるのである。先にも述べたように、このようなロボットを用いた人間理解の方法を、構成的方法と呼ぶ。

ロボット演劇「働く私」

人間理解の構成的方法のために、開発するロボットにおいて重要なことは、徹底して人間を観察し、人間らしく動くようにするということである。人間らしく動かすことができなければ、むろん、そこに感情や意識を感じることはない。

人と関わるロボット研究を始めた二〇〇〇年ごろに、私はこの人間らしくロボットを動かすという問題に直面していた。人間らしさとは何か？　どうやればロボットを人間らしく動作させられるのか？　そういったことを考えながら、まず調べたのは、心理学や認知科学の研究である。指差し動作や視線の向け方など、人間の持つ様々な表現手段それぞれの効果について、いろいろな研究がなされていた。

しかしながら、それらの研究はほとんど役に立たなかった。それらは、実験室での実験を目的としたものであった。例えば視線の研究であれば、視線以外はいっさい影響がないような状況を作って、視線の効果を調べるというものである。このような実験室での実験は、まったく非日常的なもので、日常においてロボットを自然に動かすためのヒントにはほとんどならなかった。

そこで思いついたのが、演劇である。特にリアルな日常を描く演劇では、役者がどのように動けば自然に見えるかということに関して、多くのノウハウがある。リアルな演出ができる演出家から学ぼうと考え、演劇関係者と相談を始めた。

そのようなときに、ちょうど平田オリザ先生が、大阪大学のコミュニケーションデザインセンターの教授として着任した。オリザ先生(いつもオリザ先生と呼んでいるので、本書でもそのように呼ぶ)は、着任と同時に私の部屋に来て、ロボットを使った演劇をやりたいと言われた。オリザ先生は、独自の現代口語演劇理論を掲げ、非常にリアルで自然な演劇を制作している。むろん、心理学や認知科学にも造詣が深いのであるが、それらの知識を組み合わせて、役者がいかに振る舞えば、日常的な状況において、その演技が自然に見えるかについて、多くのノウハウを持っていた。

このような演出家オリザ先生と出会えたことは、まさに渡りに船であった。私はリアルな演出ができる演出家を求め、オリザ先生はロボットを求めていた。すぐに二人は意気投合し、ロボットやアンドロイドを用いて様々な演劇を作った。

私が違和感なく連携できたのは、オリザ先生が独自の現代口語演劇理論にもとづき、非常に精密な演出をされることが、大きな理由の一つである。「〇・五秒間《ま》を取って」とか、「三〇センチ前に来て」というように、まるでロボットのプログラムをするかのような演出である。

二人で作った初めてのロボット演劇で、その稽古《けいこ》の際の役者のコメントが非常に興味深かった。ロボット演劇を作る際には、まず、オリザ先生が人間の役者に指導を行い、次いで、ロボットのプログラマーに指示をする。これを繰り返すことで、徐々に演劇ができあがっていくのであるが、役者が、ロボットへの指示と自分たちへの指示に、何ら違いがないということに気がついたのである。

〈オリザさんには、役者とロボットの区別がない〉

誰だか役者の一人が、そのようなことを言っていたのを覚えている。

最初のロボット演劇は、石黒、平田オリザに加え、イーガー（IT開発）の黒木一成氏の三人

図5-1　ロボット演劇「働く私」(青年団，大阪大学)

で作った、図5-1に示す「働く私」というタイトルの演劇である。ロボットは、三菱重工が開発した「ワカマル」を用いた。ワカマルは、私がATRで開発したロボビーを手本に開発されたものである。

ワカマルのプログラムの開発にあたって、黒木氏はもう一人強力な助っ人を準備した。文楽人形遣いの桐竹勘十郎氏である。

ワカマルはよくできたロボットであるが、人間と比べると関節の数や、各関節の動く範囲が非常に限定されている。そのような限定されたロボットの構造において、いかに人間らしい動作を再現するかが問題であった。

この問題を伝統芸能の分野で解いているのが、文楽である。文楽の人形の動きは、非常になまめかしく、人間らしい。ロボット同様に関節の数はかなり限られているのであるが、その少ない関節をうまく使いながら、人間らしい動作を再現しているのである。例えば、腕を伸ばすという一つの動作にしても、人間らしい腕の伸ばし方がある。桐竹勘十郎さんに、実際に文楽人形を動かしてもらいながら、そうしたノウハウをいくつも教えてもらった。

ロボット演劇「働く私」のストーリーは、次の通りである。近未来において、政府は失業保険の代わりに、失業者の生活を助けるロボットを支給していた。失業中の夫とその妻は、二台のロボットといっしょに暮らしている。そうしたなか、二台のロボットのうちの一台が、「働きたくない」と引きこもってしまう。人間とロボットが、人間とロボットの違いを話し合いながら、働くとはどういうことかを観客に考えさせる。

このロボット演劇において、ロボットは常に演出通りの完璧な演技をするために、ロボットは、役者に合わせて演技をしない。正確には、まだ当時は人間の役者のように相手に合わせて演技をする、ロボットの技術を開発できていなかった。それゆえ、常に人間の役者がロボットに合わせて、演技をしていた。しかし長い演劇において、完全にロボットの演技のタイミングを覚え、それに合わせるのは難しい。そこでロボットの操作者が、要所要所で、ロボットの動作の開始のタイミングをボタンで操作していた。

ロボットには、発話や動作がプログラムされており、それを順に再現し、役者はそれに合わせながら、演技をするという非常に簡単な仕組みである。ただそれでもかなりの苦労があった。ロボットを二〇分間、まったくエラーなしに動かし続けるというのは、それはそれで大変である。ロボットは舞台の上を動き回るのであるが、何かの拍子に車輪が滑って、移動経路が想定とはかなり異なったものになる場合もある。演劇はいったん始まったら、途中で止めることはできない。それゆえ、最初慣れないころは(今でも慣れないが)、関係者全員が祈るような気持ちで、本番の演技中のロボットを注視していた。

このロボット演劇を制作して、もう一つ非常に重要で興味深いことに気がついた。それは、役者は自然な演技をするために、毎回上演の前に練習することである。このことは当たり前のことのように聞こえるが、問題はその練習の目的である。何を練習するかというと、人間らしさを失わないための練習をするのである。

演技は何度も繰り返すと、どんどんと慣れてきて、非常に効率よく体を動かせるようになる。しかし、その効率のよい体の動かし方というのは、どんどんとロボット的な動きになる。人間の自然な動作とは、例えばものをつかむときには、若干の躊躇《ちゅうちょ》や戸惑いがあり、微妙に指先が揺らぐ。これをマイクロスリップと呼ぶ。練習を単純に重ねると、このマイクロスリップがなくなり、まるでロボットのような動きになる。

〈役者はこのマクロスリップをなくさないための、ロボットにならないための練習をしている〉

のである。

一方で、ロボットには、最初にマイクロスリップを含め、完全にその動作がプログラムされる。それゆえ、ロボットは二度と練習する必要がない。人間である役者が、ロボットにならないための練習をするのが、人間の役者の演技の練習というのは非常に興味深い。

さて、できあがったロボット演劇の評価はどうだったかというと、非常に評判がよかった。おそらくは世界初のロボットの演劇で、理想的なシナリオを書き、動きが制限され人間のように自由に動けないロボットを完璧に演出したオリザ先生は天才だと思った。むろん、関係者だけでなく、多くの観客が、その演劇をみて感動した。私も同様である。多くの人が、

〈役者だけでなく、ロボットの演技に感動し、ロボットに心があると感じた〉。

この最初のロボット演劇は、ロボットや人間に関していろいろなことを教えてくれた。その中で最も重要なことは、

〈ロボットにも役者にも、人間が持つと思われている心はいらない〉

ということである。

まず、ロボットであるが、ロボットには、音声と動作を順に再生するだけのプログラムしか入っていない。心なるものは、いっさいプログラムされていないのである。そして役者であるが、オリザ先生の指導は、非常に厳密に動作や発話を指示するもので、心を表現しなさいというような、指示はいっさいない。すなわち重要なのは、心を持つかのような音声や動作を再現する機能である。

では心とは、いったい何であろうか？　少なくともこの時点で言えることは、

〈相手になくても、その動作からあるように思えるもの〉

それが心ということになる。これについては、本章の最後で改めて議論しよう思う。

アンドロイド演劇「さようなら」

その後、作られたのが、図5-2のアンドロイド演劇「さようなら」である。

そのころ、新しいアンドロイド、ジェミノイドFが完成して、大学に納品された。私のアンドロイドであるジェミノイドHI-1の後に製作された女性のアンドロイドであり、きれいな姿形をしていた。

そのとき、すぐに思ったのは、このアンドロイドを使えば、もっと感動的な演劇が作れるのではということだった。それですぐにオリザ先生に、「このアンドロイドで新しい演劇を作りましょう」と持ちかけた。

オリザ先生は、驚いたことに、一週間ほどで、一五分程度のシナリオを書き上げてきた。

問題は、この新しいアンドロイドは、私のアンドロイドであるジェミノイドHI-1とは異なり、体がほとんど動かない。ジェミノイドHI-1は、全身に約五〇本ものアクチュエータが使われており、腕を含め体の様々な部分が動く。しかし、そのシステムは大がかりで、製作費も非常に高価になる。

そこで、普及型のアンドロイドとして開発したのが、ジェミノイドFである。ジェミノイドFの最も重要な役割は、人と対話することであるが、その対話の機能に特化したのがジェミノイドFである。頭部を中心に一二本のアクチュエータが使われており、人間らしい表情を伴いながら話しをすることができる。しかし、腕は動かず、歩くこともできない。ただ座っているだけのアンドロイドである。

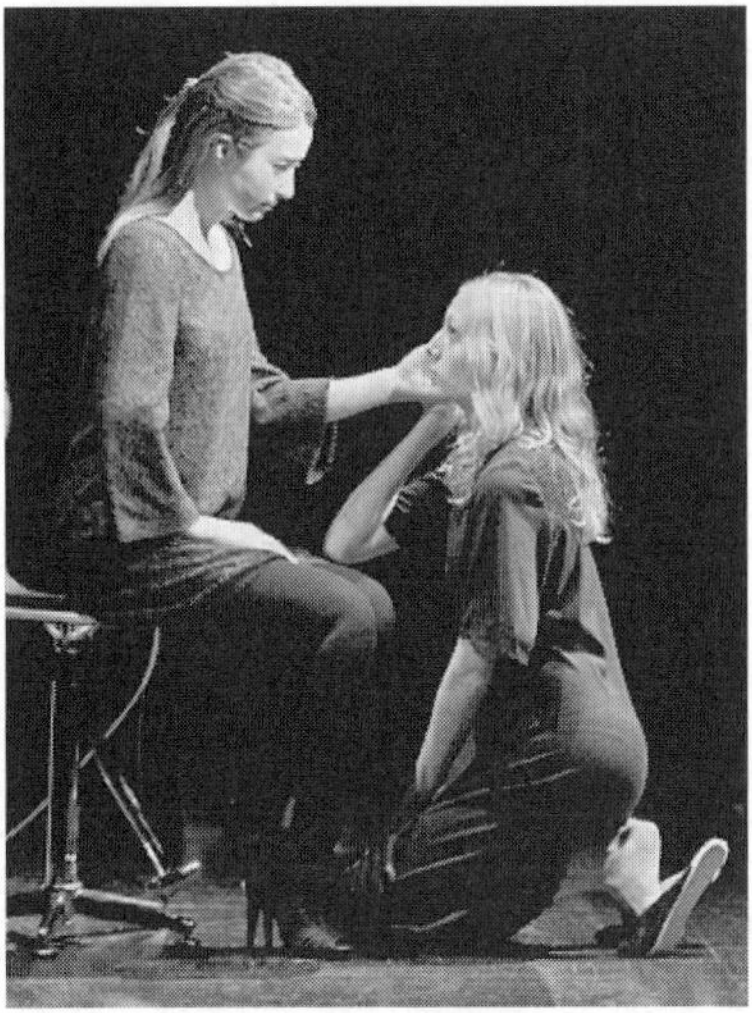
図5–2 アンドロイド演劇「さようなら」(青年団，大阪大学)

オリザ先生は、この非常に制約の強いジェミノイドFに、詩を読ませることにした。ジェミノイドFは死にゆく女性を目の前に、様々な詩を様々な言語で読み聞かせる。
このアンドロイド演劇には、再び感動させられた。おそらく、今でも私が最も好きなアンドロイド演劇である。何に感動したかというと、ジェミノイドFの読む詩が、まさにジェミノイドFがその場で作り出して話しているかのように感じられたことである。正直、人間による詩の朗読よりもはるかに感動した。

その理由をいろいろと考えたのであるが、おそらくは次のようなことだろうと思う。人間が詩を朗読する場合、詩の作者の人格と、朗読する人間の人格の両方を感じる。それゆえ、二つの人格が見え隠れしてしまう。一方で、アンドロイドの場合は、人間ほど強い存在感を持たない。そのため、詩の作者の人格とアンドロイドの人格がきれいに統合されて、一つの人格として詩を読んでいるように聞こえる。このことから、アンドロイドの詩の朗読は、アンドロイドが即興で作り出しているかのように聞こえるのである。

オリザ先生からアンドロイド演劇のシナリオをもらってすぐに、アンドロイドに詩を読ませてみた。その朗読を薄暗い部屋で一人で聞いていたのであるが、いきなりその朗読に引き込まれ、ずっとアンドロイドの詩の朗読を聞いていたいと思った。

アンドロイド演劇「さようなら」で、ジェミノイドFが、死にゆく女性を目の前に、最後に読む詩が、谷川俊太郎の「とおく」という詩である。

わたしはよっちゃんよりもとおくへきたとおもう

ただしくんよりもとおくへきたとおもう
ごろーよりもおかあさんよりもとおくへきたとおもう
もしかするとおとうさんよりもひいおじいちゃんよりも
ごろーはいつかすいようびにいえをでていって
にちようびのよるおそくかえってきた
やせこけてどろだらけで
いつまでもぴちゃぴちゃみずをのんでいた
ごろーがどこへいっていたのかだれにもわからない
このままずうっとあるいていくとどこにでるのだろう
しらないうちにわたしはおばあさんになるのかしら
きょうのこともわすれてしまっておちゃをのんでいるのかしら
ここよりももっととおいところで
そのときひとりでいいからすきなひとがいるといいな
そのひとはもうしんでてもいいから
どうしてもわすれられないおもいでがあるといいな

どこからかうみのにおいがしてくる
でもわたしはきっとうみよりももっととおくへいける

（『はだか』筑摩書房、一九八八年より）

アンドロイドが読むこの詩を聞いて、うっかり涙が出そうになったことを、今でも覚えている。

このアンドロイド演劇「さようなら」は、二〇一〇年の愛知トリエンナーレで最初に披露した。その後、世界中から招待されて、様々な国で公演を行い、今でも続いている。最初の公演から一〇年以上が経つ。

その長い公演の中でも私が感動したのは、オーストリアのリンツにあるアルスエレクトロニカというメディアアートの美術館が主催するフェスティバルに招待され、リンツの聖マリアンナ教会で公演したときのことである。教会の中で最も大きなステンドグラスのある、聖マリアの部屋が演劇の舞台となった。シナリオの中では、複数の言語が使われ、アンドロイドは様々な言語で、様々な国の詩を朗読するのであるが、日本の上演では、メインの対話は日本語で行われる。このリンツの公演では、メインの対話は英語で行った。

教会とは聖なる場所で、そもそも人間もどきであるアンドロイドが立ち入っていい場所かどうかは意見が分かれるところであろう。フェスティバルを主催したアルスエレクトロニカの関係者は、粘り強くていねいに教会と交渉し、公演の許可を得た。

研究室の部屋でその詩の朗読を聞くだけでも感動するのであるから、人間にとって聖なる場所である教会であれば、当然その感動はさらに大きくなる。公演を見た何人もの人が、目に涙を浮かべていた。アンドロイドに人間らしい心を感じていたことは、疑う余地がなかった。

アンドロイド演劇「変身」

二〇一四年に制作したアンドロイド演劇「変身」(図5-3)は、最も挑戦的なアンドロイド演劇であった。カフカの『変身』をもとにした演劇である。その演劇で主人公が変身するのは、毒虫ではなく、機械の体がむき出しになったアンドロイド、すなわちロボットである。この作品は、フランスの俳優、イレーヌ・ジャコブなどをキャストに招いて制作された。

この作品以前のロボット演劇のロボットは、かわいい姿形をした、ワカマルやロボビーだったり、人間そっくりの見かけを持つ、ジェミノイドFだったりした。しかし、この演劇では、無骨な、不気味とも見えるむき出しのアンドロイドを用いた。

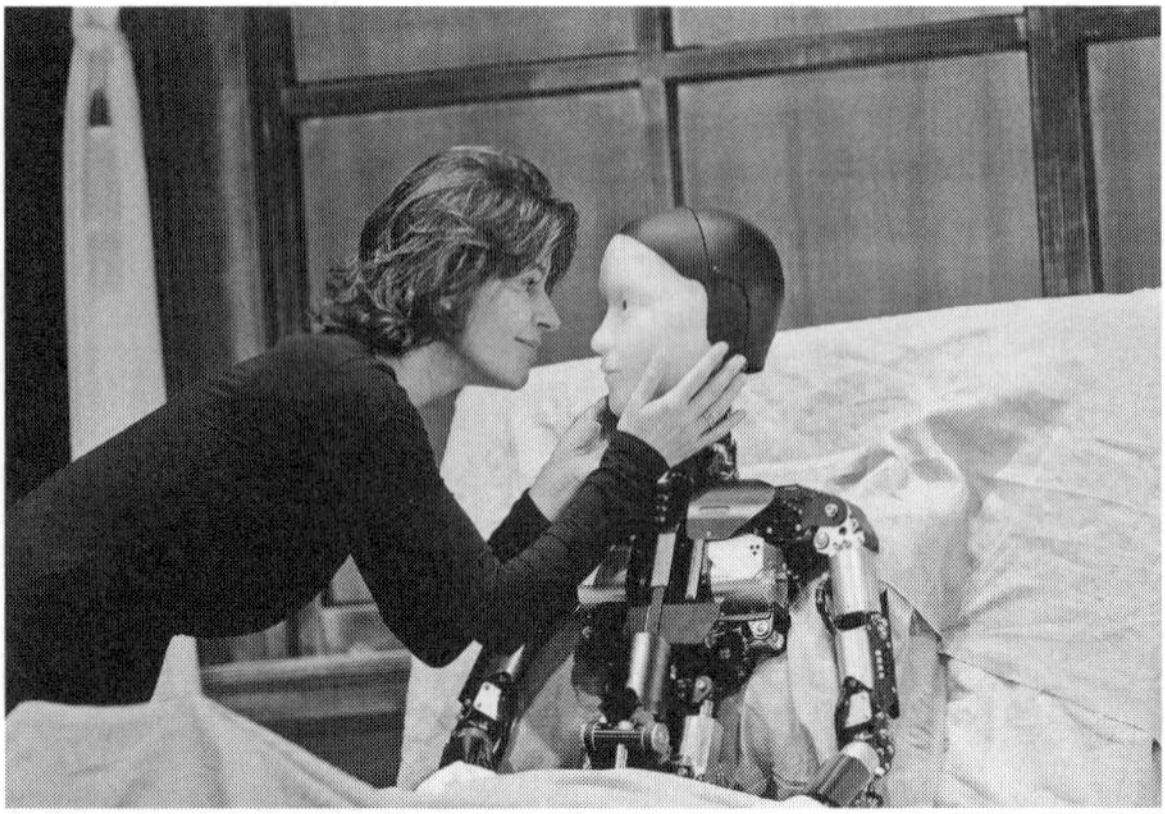

図 5-3　アンドロイド演劇「変身」(青年団，大阪大学．アンドロイド版『変身』ⓒ西山円茄)

果たして、そのような機械むき出しのアンドロイドに感情や心を感じるのだろうか。

そうした心配は見事に裏切られ、むしろ生身の人間以上に、機械むき出しのアンドロイドに感情や心を感じることができた。その感動を文章で伝えることは難しく、歯がゆいのであるが、とにかく、想像以上に人間らしいのである。

図5-3のアンドロイドは、顔は人間らしく造られているが、体は完全な機械である。どう見ても機械のアンドロイドに、なぜ人間並みか、ときにそれ以上の感情を感じるのであろうか。それは、機械の体を持つからかもしれない。ときに人間的ではない体や表情や動作や声に、感情をより強く感じることがある。このアンドロイド演劇では、朝起きたらロボットの体になっている主人公が、

そのことに悩み続ける。その苦悩から来る感情は、機械の体であるがゆえに、生々しく表現できたのかもしれない。

〈人間のふつうではない状態にこそ、大きな感情が表現される〉

ということなのだろう。そう考えれば、ロボットやアンドロイドを用いた演劇の可能性は無限に拡がるように思える。人間には表現できない人間らしい様々な感情を、アンドロイドやロボットの役者は表現できる可能性がある。

心とは?

さて、では心とはいったい何であろうか？　心の仕組みをいっさい持たないロボットやアンドロイドにも、演劇の中では、人間の役者に匹敵するか、または、それ以上の心を感じることができる。そうしたことから考えると、どうも心とは、その仕組みの問題ではないようである。脳や体の中に心の仕組みがあるから、相手が心を感じるのではなく、

〈人間には相手の発話や行動から、相手に心があると感じるという機能がある〉

と考えたほうが、つじつまが合う。

人間どうしの関わりの場合、相手に心があると互いに感じることができる。自分自身が心の機能を持っているか、自分の中に心があるかどうか解からないが、相手には心があるように感じられる。人間どうしの関わり合いでは、「あなたには心があるように思う」と互いに心の存在を認め合うことになり、それゆえに、自分自身に心があるように思えているのではないだろうか。

こうなると、アンドロイド演劇を見て、アンドロイドの役者にも人間の役者にも心を感じ、アンドロイドの役者にも人間の役者にも、心があると考えてもよさそうである。

ただ、アンドロイドと人間の違いは、アンドロイドは、人間に心があるように感じさせることができても、アンドロイド自身が人間との関わりを通して、人間に心があると感じることができないことである。

アンドロイドは演技として、人間との関わりにおいて、「人間のあなたの行動から、あなたに心があるように感じられます」と話させ、相手の人間に心の存在を感じさせることは可能である。しかし、アンドロイドが本当にそのように感じることは可能なのだろうか？

私は、近い将来、アンドロイドが人の発言や行動に心を感じるようになることは、可能になると想像している。

相手に心を感じる仕組みというのは、何か複雑な論理的な思考を巡らせて感じるものではなく、夕日を見て感動するように何か理由は解からないけれども、感動してしまうというようなものだと考えている。夕日を見て感動する人間の機能は、現象的意識やクオリアと呼ばれることがある。この現象的意識は、どのような仕組みで作られているのであろうか。少なくともそれは脳の機能であって、神経回路で構成されているものであることは間違いないだろう。ならば、あとは、その神経回路をコンピュータで再現することができれば、ロボットは現象的意識を持ち、相手に心を感じることができるようになる。

この現象的意識を作り出す神経回路は、近年盛んに研究されているディープラーニングで再現できる可能性がある。

夕日に感動したり、相手に心を感じたりするということは、人間が人間社会で生きてゆくうえで、非常に重要なことである。だからこそ、人と美しいものを共有したり、共感したり、適切な人間関係を築くことができる。

このような機能を、人間は長い進化の過程で獲得してきた可能性がある。多くの経験から、夕日を見たら感動し、人間には心を感じるという神経回路はまさに、ディープラーニングで人工的な神経回路が、入力情報と出力情報を結びつけるのと同様に、学習してきたのではないだろうか。その理由は、考えてみても解からない。でも感じてしまう。そのことはすなわち、

〈夕日を見たら感動し、人に心を感じるという神経回路がある〉

ということを意味している。

現在、研究室ではこのような神経回路の構成をめざして、まずはきれいなものに反応する人工的な神経回路を構成することを試みている。あらゆるきれいな画像と、そうではない画像を入力して、何かを見たときに「きれいだ」と反応する神経回路をディープラーニングで造ろうとしている。人間の場合は、そのような神経回路が遺伝的にも引き継がれながら、また、生まれた後の経験も用いて、適切に反応するようにトレーニングされていると、私たちは考えている。

これまでの議論を踏まえて、再度、心とは何かという質問に答えるなら、

〈心とは、その存在を互いの発話や動作を見て感じ合う、神経回路によってもたらされるもの〉

ということになる。この仮説が正しいかどうかを確かめるには、実際にこの仮説にもとづいて心を持つロボットを開発し、そのロボットとの関わりで、人間が互いに心を持つと確信する必要があるのだが、そうした実験が近い将来できることを期待している。

この心に関する議論は、おそらく魂や命にもあてはまる。魂や命も心と同様に、人間にとっては非常に重要で、多くの人がその存在を信じているが、実際にどのような仕組みが、魂や命を司っているのかは明らかになっていない。命でさえも、その定義はいまだに曖昧なままである。心臓死が死なのか？　脳死が死なのか？　脳死はどこまで脳が死ねば死なのか？　その脳がコンピュータと繋がっている場合はどうなのか？　命についても、生と死の境界について改めて考えると、それがいかに曖昧であるかが解かる。

心は、相手にあると感じるものであるという話しをしたが、魂や命も現時点では、そういった心と同じようなものかもしれない。

6章　存在感とは何か

アンドロイドに感じる存在感

私のアンドロイドであるジェミノイドをはじめとする、人間に酷似したロボットには、人間のような存在感を覚える。この存在感とは、いったいどのようなものなのだろうか。また、それは、どのようなロボットから強く感じるのだろうか。人間に酷似したアンドロイドを研究することは人間を理解することでもあると、1章で述べたが、ここではロボットから感じる人間の存在感について考えてみたいと思う。

まず、「存在感」という言葉であるが、実は英語に正確に訳すことができない。英語には、日本語の「存在感」に対応する言葉がないのである。無理に訳せば、feeling of presenceということになる。存在の感覚ということだ。しかし、presenceという言葉には、視覚的に認識できる存在という意味がある。

一方で、日本語の「存在感」は、気配のようなものも含み、視覚的に見えていなくても、感じられる感覚を意味する。例えば、声からその人の存在を感じることも、存在感という言葉で表す。それゆえ、国際会議では、時折、存在感をそのまま、sonzaikanという日本語で記している論文も見かける。目に見えないものにも、存在を感じるというのは非常に日本的な感覚に思える。

人間に酷似した姿形で、人間のように話しをするアンドロイドには、この存在感を覚える。人間の姿形をしたロボットが単に言葉を発していると思うのではなく、何かそこに、人間が存在しているときと同じような感覚を持つのである。むろん、すべての人がそのような感覚を持つわけではないと思うが、多くの人からアンドロイドに、人間のような気配を感じるという感想を聞かされる。

不気味の谷

この人間に酷似したロボットであるアンドロイドの存在感は、気をつけないと簡単に消え去ってしまう。それが不気味の谷の問題である。

図6-1は、アンドロイドを観察する観察者を表している。私のことをよく知る観察者が、

私のアンドロイドを観察する場合、見かけや動きや声など、それぞれが人間らしいか、また石黒らしいか、ていねいに観察する。人間らしいロボットが持つすべてのモダリティ（見かけや声などの人間を表す個々の表現）を、ていねいに観察する。そして、

〈そのモダリティのうちの一つが人間らしくないと、途端にアンドロイド全体を不気味なものに感じる〉。

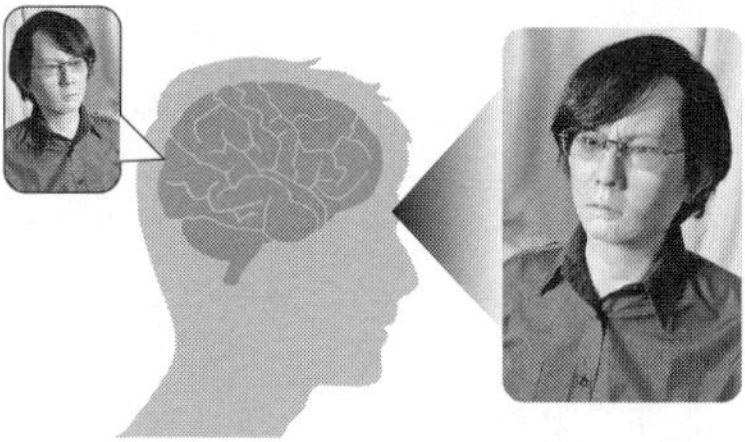
図6–1　アンドロイドを観察する観察者

この現象は「不気味の谷」と呼ばれる。

例えば、見かけや話し方が人間らしいのにもかかわらず、動きがおかしいと、アンドロイドは非常に不気味に感じられる。それはまるで動く死体やゾンビを見ているようである。図6－2は、その不気味の谷を示している。

この不気味の谷を回避するには、見かけや、話し方や、動きのすべてをていねいに人間らしく作り込む必要がある。しかし現在のロボットの技術は、人間を完全に再現するには不十分である。

そのために、ロボットの発話内容や動作を人間らしく再現できる範囲に制限する必要がある。

加えてジェミノイドは、もう一つ問題を持つ。それは特定の人間の見かけをしているために、その人間の見かけを好まない者は、ジェミノイドと関わりたいと思わないことである。私のジェミノイドの場合は、特に幼い子どもに恐がられることが多い。幼い子どもは成人男性を恐がる傾向にあるが、私のジェミノイドの場合も同様である。もっとも、幼い子どもが敏感に人間とジェミノイドの差を感じ、不気味の谷を感じている可能性もあるのだが、他の女性のアンドロイドに対する反応と比較すると、やはりあきらかに私の見かけを持つジェミノイドのほうが恐がられる傾向が強い。アンドロイドの不気味さではなく、私の見かけを恐れているようである。

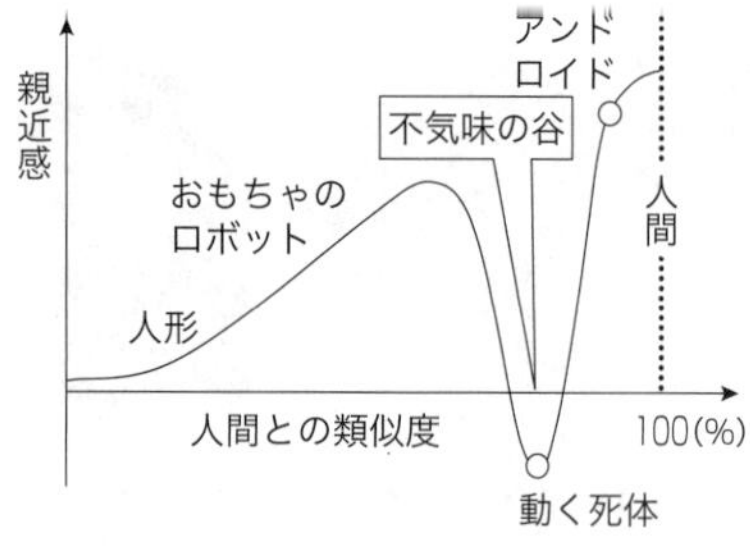

図 6–2　不気味の谷

遠隔操作ロボット「テレノイド」に感じる存在感

このジェミノイドの二つ目の問題を解決するために考案したのが、図6–3に示すテレノイドである。テレノイドは、ジェミノイドと同様の遠隔操作ロボットであるが、その見かけはまったく異なる。テレノイドの見かけは、言わば人間のミニマルデザインというべきもので、人間には見えるが、性別も年齢も解からない人間としての最小限の見かけになっている。この見かけは、左右対称の顔や体デザインと、大人らしい顔と、子どもらしい頭部と体の比率によって実現している。左右対称な顔は性別をなくし、大人らしい顔と、子どもらしい頭部と体の比率は、年齢を曖昧にする効果がある。

また、そのメカニズムも非常に単純化されている。動くのは口と手だけである。口は、発話に合わせて上下に開閉する。手は、軽くハグをするような感じで前方に動く。すなわち、自由度(稼働する軸)としては三自由度しかない(一方でジェミノイドは六〇自由度程度である)。

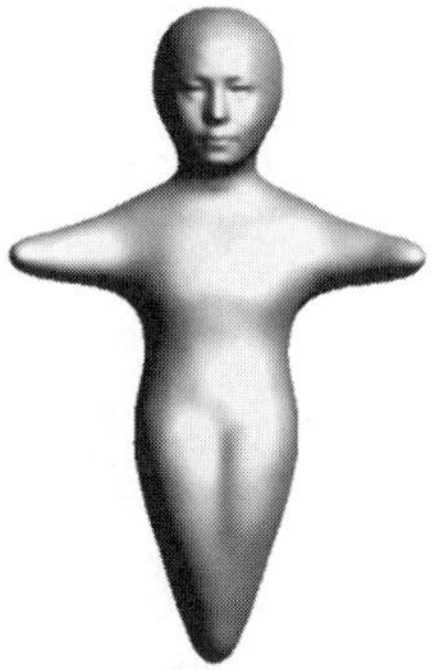
図6-3　テレノイド

このテレノイドは、一見不気味に見えるのであるが、実際に対話を始めるとほとんどの人がその対話を受け入れ、まったく異なった印象を持つ。いったん話し始めると、

〈テレノイドに足りない個人としての情報を、対話者自らが想像力を使って補完する〉

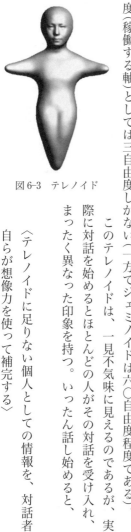

のである。そして重要なのは、想像による補完において、人間はほとんどの場合、ポジティブに補完するという性質を持つということである。

すなわちテレノイドは、

〈そのミニマルデザインにより対話者の想像を喚起し、対話者自ら想像する好ましい対話相手になることができる〉。

このことは、国内外の数多くの高齢者施設における実証実験で確かめてきた。例えば、図6−4に示すのは、デンマークでの実証実験の様子である。

デンマークでの実証実験には一〇年近く取り組んできたが、様々な興味深いことが起こっている。その中で最も印象的だったのは、ドイツからデンマークに若いときに移住してきた高齢者の方の事例である。その方は認知症でデンマーク語が話せなくなっていたのだが、テレノイドを通して介護をする人がデンマーク語で話しかけると、途端にデンマーク語で話せるようになった。そして、その後もずっとデンマーク語で話すことができている（少なくとも一、二年は、

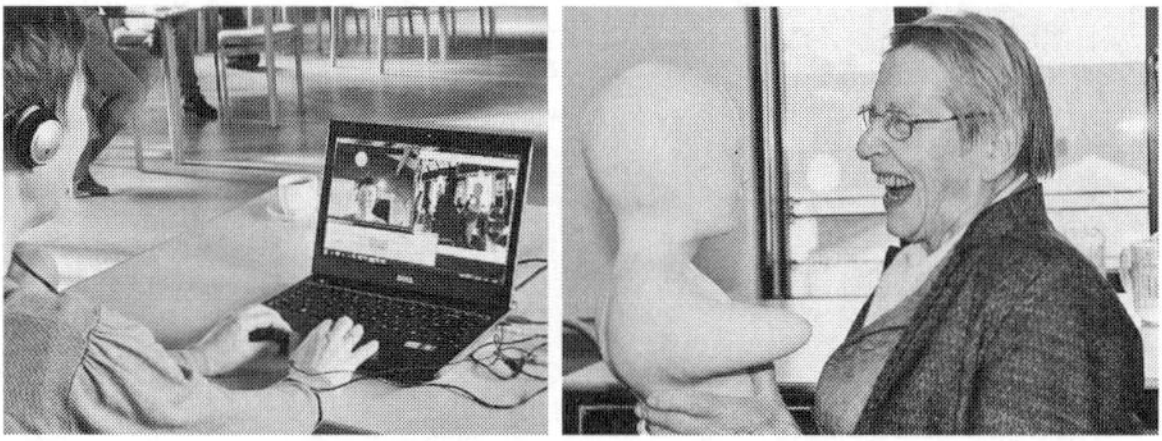

図 6-4　デンマークでの実証実験

私たちもその様子を観察した）。

このテレノイドの実験で解かったことは、遠隔操作ロボットにおいて、ジェミノイドのような特定個人にそっくりのアンドロイドでなくても、人間としてのミニマルなデザインしか持たず、動きも非常に限られているテレノイドでも、対話者は十分に存在を感じることができるという点である。

また高齢者はテレノイドに対し、ときには人間よりも話しやすい相手と感じることがある。私たちの研究において、

〈高齢者は、実の子どもとの対話よりも、私たちが開発したテレノイドとの対話を好む〉

というアンケート調査の結果がある。

図6－5は、テレノイドの実験に参加してもらった日本の高齢者に対するアンケートの結果である。Q1の子どもとはどのように話

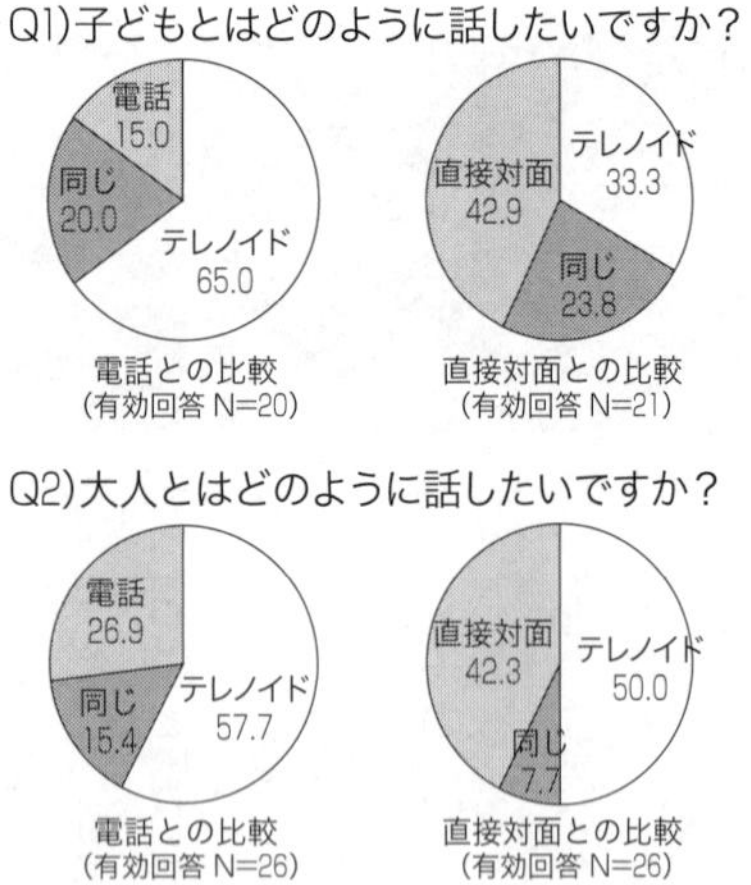

図6–5　高齢者が話したい相手(単位：%)

したいですか？という質問には、電話で話すよりもテレノイドで話すほうがいいという高齢者が圧倒的に多かった。直接対面する場合との比較だと、テレノイドを好む人は少し少ないが、おおむね同数程度である。より興味深いのは、大人と話す場合は、直接対面においてもテレノイドを好む人が多かったことである。この場合、大人とはちょうど高齢者にとっては、実の子どもの年齢くらいの人たちであり、子どもとは、孫かひ孫に相当する。

対話ロボットのミニマルデザイン「ハグビー」

では、このテレノイドをどこまで単純にすることができるだろうか。どこまで単純にしても、人のような存在感を伝達し続けることができるであろうか。それを確かめるべく開発したのが、図6–6に示す「ハグビー」である(以前にヴイストンや京都西川から開発販売)。

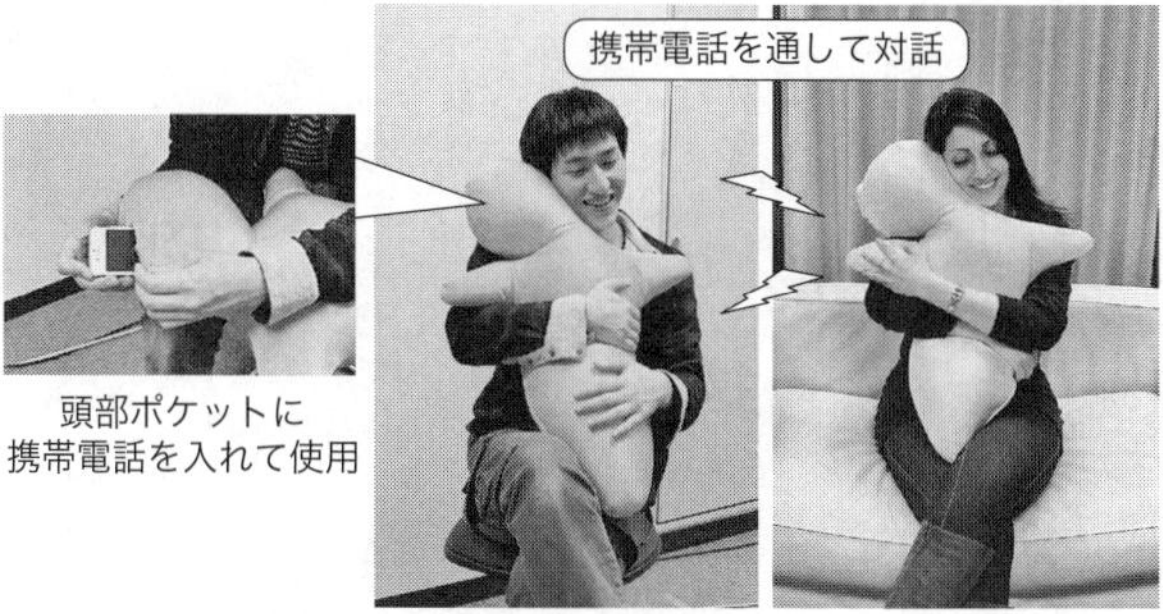

図6-6　ハグビー

ハグビーはテレノイドの形状をさらに単純化した、人間型の抱き枕である。頭の部分に携帯電話を挿入して、これを通じて相手と話しをする。

こんなに単純な仕組みなのだが、これで十分相手の存在を感じることができる。ハグビーを使って相手と話しをすると、相手を腕の中に抱きながら話しているように感じられ、相手の存在を強く感じる。この効果も、様々な実証実験で確かめられている。

例えば、小学校一年生の読み聞かせの授業でこのハグビーを使ってみた。図6-7の上図は、ふだんの読み聞かせの様子である。小学校一年生は、幼稚園を卒園して初めて学校での集団生活を体験する。この集団生活では、それまでの幼稚園とは異なり、親や先生の存在感が薄くなり、子どもたちは不安を感じやすく落ち着きがない。先生が皆に話しをしているとき、先生のごく近くにいる子どもたちは比較的熱心に先

図6-7　ハグビーを使った読み聞かせ

生の話しを聞くのであるが、先生と離れたところにいる子どもたちは、落ち着きなく動き回っている。これは一年生病とも呼ばれている。

しかし、この子どもたちにハグビーを渡して、そのハグビーから先生の声が聞こえるようにすると、途端に全員が落ち着いて熱心に先生の話を聞くようになるのである。図6-7の下図は、その様子を示している。全員が先生の存在を身近に感じながら、話しを聞いていると思われる。

同様のことを、幼稚園の年少の子どもたちに試してみた。その実験結果を図6-8に示す。まず、ハグビーで話しをする前に、ハグビーの絵を描いてもらった。そして、ハグビーを使って話しをした後、再度絵を描いてもらった。ハグビーはただのぬいぐるみで、顔がない。それゆえ、最初は誰も顔を描かなかったが、ハグビーを使って話しをした後は、ほとんどの子どもが顔のあるハグビーを描いたのである。これは非常に興味深い実験だった。

ハグビーを使うと人の存在を感じるということを、より科学的な実験で確かめた。行ったのは、ハグビーと携帯電話の比較である。ハグビーは頭部に携帯電話を入れて、抱きしめながら相手と話しをするものであるが、携帯電話をハグビーと組み合わせて、相手と対話した場合と、携帯電話だけで相手と話しをした場合を比べてみた。

まず話しをする前に、血液検査と唾液検査を行い、それぞれの中にどれほどコルチゾールというホルモンが含まれているかを調べた。コルチゾールはストレスホルモンと呼ばれ、緊張や恐怖を感じると増えると言われている。逆に、コルチゾールが減れば、ふだんよりも安心しているということになる。

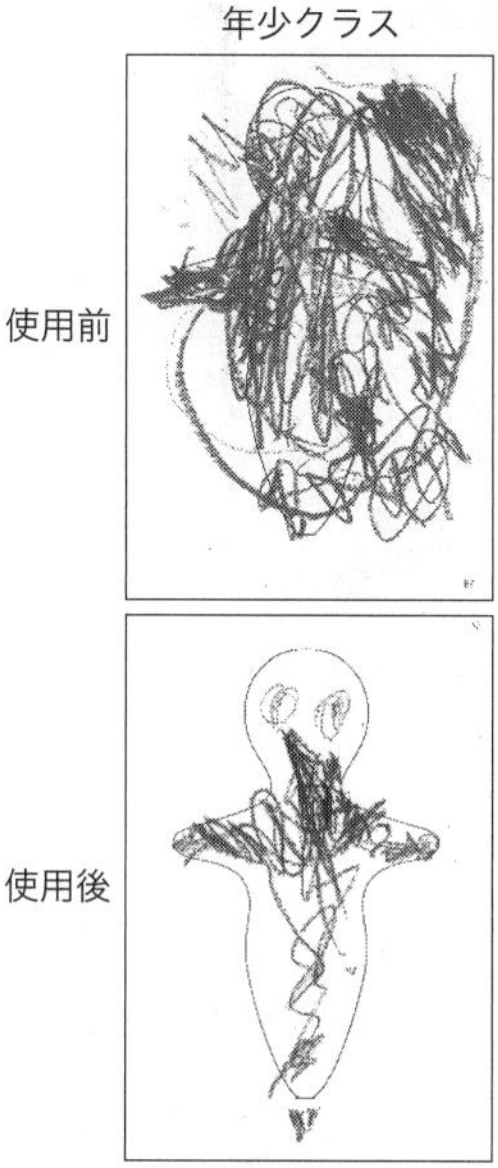

図6–8　幼稚園児のハグビーに対する想像の一例

手順は図6–9に示す通りである。血液検査と唾液検査を行った後、ハグビーで相手と話しをする被験者と、携帯電話だけで相手と話しをする被験者を準備し、それぞれ、一五分相手と話しをしても

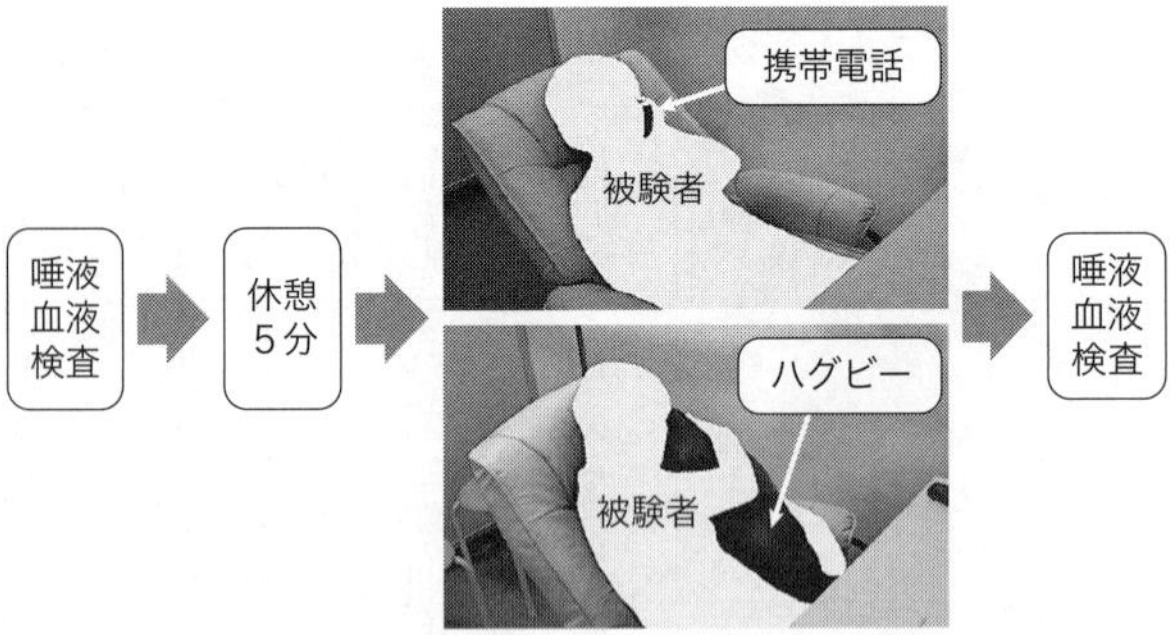

図 6-9　携帯電話とハグビーの比較実験

らった。その後、再び血液検査と唾液検査を行い、コルチゾールの量を調べた。その結果、携帯電話を使った場合は、使用前、使用後でコルチゾールの分泌量に変化はなかったが、ハグビーを使った場合は、明らかに減ることを確認することができた。すなわち、

〈ハグビーを使うことで、安心感を持つ〉

ということがホルモンの分泌量で確認できたのである。ハグビーによって人の存在感を覚え、その結果、安心感を持ったことが、その原因であると推察できる。

想像を引き出す二つのモダリティ

ハグビーは、声と触覚だけがある遠隔操作ロボットである（ロボットというより、ぬいぐるみであるが）。すなわち、

人の存在感を表現する最小限の条件は、二つのモダリティでその存在を表現したものということになる。

この二つのモダリティの組み合わせとしては、声と触覚以外に、匂いと触覚、声と匂いなど、様々なものが考えられる。おそらくはどの組み合わせにおいても、人の存在感をそれなりに感じると思われる。例えば、スピーカーから声を再生し、そこに、ふだんその人が使っている香水を振りまくと、その人が本当にそこにいるように感じられる。これは厳密な実験で確認したわけではないが、このハグビーと同様に二つのモダリティで、人の存在感が再現されている例である。

では、この二つのモダリティはどんな組み合わせでもいいのかというと、これまでの経験からは、距離感の異なるモダリティを合わせるほうがよさそうである。

最も距離が遠くても情報が伝わるモダリティは視覚で、五〇メートルくらい離れていても、相手を認識できる。次に遠くても伝わるのは声で、一〇メートルくらいの距離でも伝わる。その次は匂いで、匂いは一メートルくらいの距離まで近づく必要があり、ぐっと近くなる。そして触覚の距離はゼロメートルである。これらのモダリティの組み合わせについて、遠い距離のモダリティと近い距離のモダリティを組み合わせると、人の存在感を表すのに効果的であるようだ。

　また、このモダリティの組み合わせをどんどん増やしてゆくとどうなるかというと、増やしすぎると不気味の谷の問題が出てくる。これもこれまでの経験にもとづく、いまだ不確かな推察ではあるが、図6-10に示すように、組み合わせるモダリティの数は、二つから多くても四つくらいまでが、そのロボットを利用する人の想像をうまく喚起するように思う。

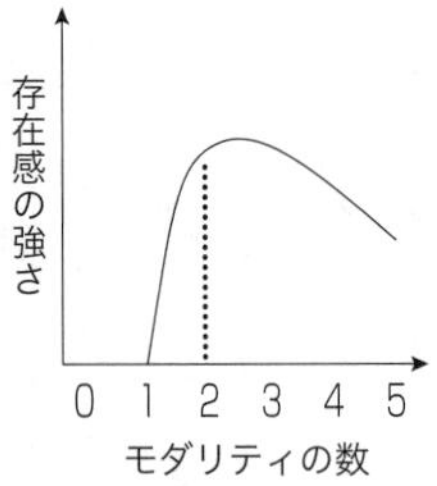

図6–10　モダリティの数と存在感の強さ

　しかし、それ以上増やしていくと、すべてのモダリティで適切に人間らしさを表現する必要が出てきて、どれか一つのモダリティにおいて、人間らしさを欠いた途端に、不気味の谷に落ちる可能性が高くなり、ロボットを利用する人の想像力をうまく利用して、そのロボットの人間らしい存在感を表現するのが難しくなる。その意味で、モダリティが増えすぎると、存在感の強さは弱まる傾向にあると予測される。

　このジェミノイドからテレノイド、そしてハグビーに至るコミュニケーションロボットの研究における重要な発見は、

〈人は情報が足りないときには、その想像力で補完するとともに、その想像は常にポジティブである〉。

また、

〈その想像は、二つのモダリティで表現されたものであれば十分に喚起される〉

ということである。

この想像を喚起するデザインは、ロボット以外の、人と関わるあらゆるものに応用することができる。例えば、人が人の存在を感じ、安心感を持つ部屋を設計するためにも、もちろん役に立つデザインの方法論になる。これまで人の存在をどのように感じるかは、明らかになっていなかったが、この対話ロボットの研究は、その仕組みの大事な部分を指摘しているように思う。今後、この想像を喚起するデザイン、人の存在を表現するデザインの原理にもとづいて、より人間に親和的な家電、インテリア、ロボット、自動車などの人間の生活を支える様々なものが、開発されればと期待している。

7章　対話とは何か

二体で対話するロボット「コミュー」

対話とは何かという問いは、解かっているようで、実は解かっていない。対話において、相手のことをどれくらい理解していないと対話ができないのか？　相手のことを理解してなくても、対話はできるのか？　厳密に考えだすと、実は正確な答えがないことが解かる。一方で、対話が厳密に定義されていない分、いろいろと対話を成立させる方法が考えられる。

特に図7-1に示すように、二体のロボットを用いて、人間の対話者を含め三者で対話する状況を作ると、意外に簡単に対話が成立する。

ロボットと人間が一対一で対話する場合、ロボットは目の前の人間の発話を理解し、それに適切に対応しなければならない。目の前の人間の発音が理解し難い場合も、何らかの方法で、対話を続ける必要がある。しかし、ロボットが二体あれば、ロボット二体と人間の三者で対話ができる。三者対話において、ロボットが人間と対話を続けるのが難しい場合は、隣のロボットと対話を続けることができるし、人間も話しやすいロボットと対話することができる。すなわち、

〈三者対話では、三者のうちの二者間で対話が成立していればよく、対話を継続しやすくなる〉

のである。

図7-1　2体のロボットとの対話

音声認識なし対話

ロボット二体と人間一人の三者対話において、非常に安定した対話を続ける方法を、吉川准教授らと開発した。その対話を、「音声認識なし対話」と呼ぶ。

この音声認識なし対話では、ロボットは人間の音声をまったく認識することなく、対話を続けることができる。その方法を図7-2に示している。

対話の手順は次の通りである。まず、中央のロボットが右のロボットに、「好きな食べ物は何？」と聞く。右のロボットはそれに対して「すき焼き」と答える。この対話はロボットどうしの対話なので、一つのコンピュータが両方のロボットを制御できるようにして、あらかじめ対話をプログラムしておくことができる。相手の音声を認識することなく、対話をしているように見せられるのである。

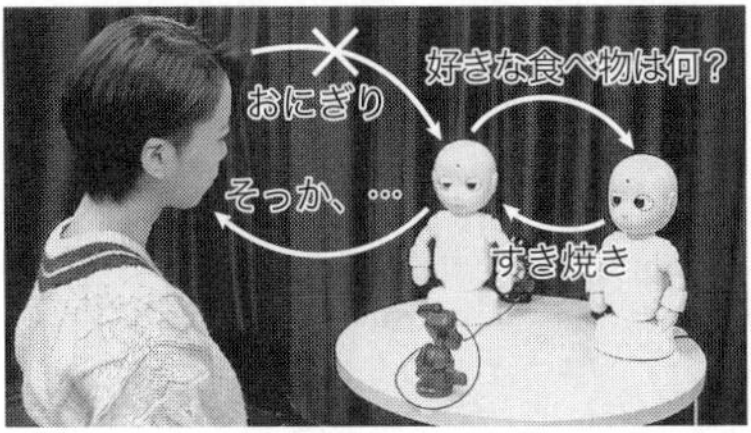

図 7–2　音声認識なし対話

そして次に、中央のロボットは、今度は人間に同じように、「好きな食べ物は何？」と聞く、それに対して人間は、自分の好みに従って、例えば「おにぎり」というように答えるのであるが、さらにその答えに対して、ロボットは常に「そっか、…」と頷《うなず》きながら答える。この対話において、人間が「おにぎり」以外の食べ物を答えても、常に対話が成立する。

ロボットは人間が何か発話したことさえ認識できれば、その言葉の内容を認識する必要がまったくなく、いっさい音声認識をすることなく、対話を続けることができるのである。

すなわち、

〈一体のロボットがあれば、ロボットはロボットどうしで対話を成立させた後、同じ対話に人間を巻き込むだけでよくなり、対話を非常に安定して続けることができる〉。

もっとも、食べ物についてロボットが聞いているのに、人間が食べ物を答えずに、関係のない話しを始めたら、むろんロボットは対応できないのであるが、そもそも相手の発話を無視して話す人間に、まともに応答するのは難しい。

この音声認識なし対話は、この機能単独でも十分に成立するのであるが、通常の音声認識対話と組み合わせると、さらに対話継続の効果が高くなる。ロボットと人間の対話において、ロボットは、人間の音声を認識し、適切に応答できる間は、音声認識にもとづく対話を行い、それが困難になったときには、この音声認識なし対話を行うというようにすることで、非常に安定したロボットと人間との間の対話が実現する。

〈音声認識なし対話は、音声認識対話のバックアップとして用いることができる〉

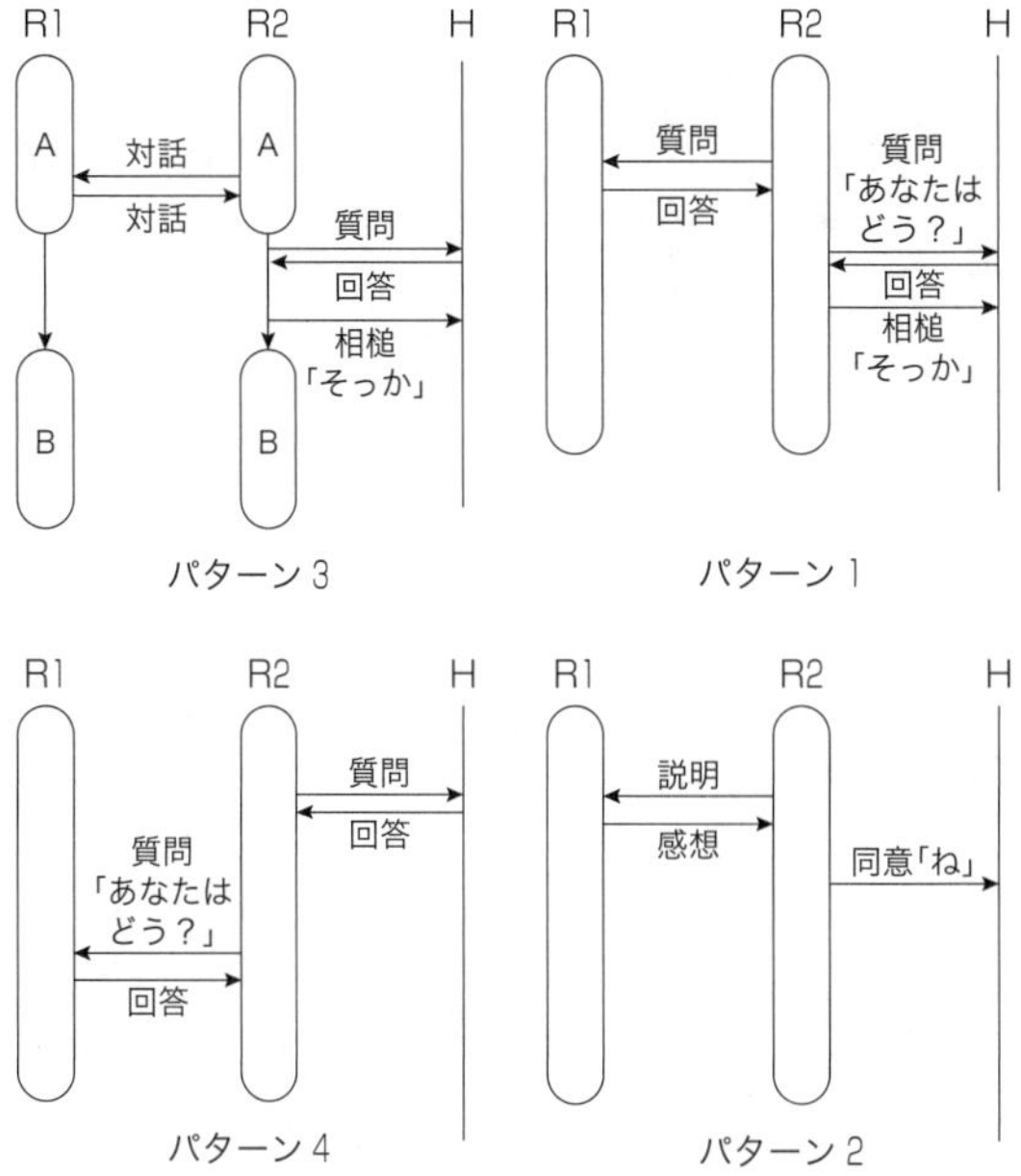

図 7-3　音声認識なし対話のパターン

のである。

音声認識なし対話のパターンは、実は大きく五つに分類される。そのうちの解かりやすい四つについて、図7-3に示す。

図7-3のパターン1は、ロボット(図ではR1／R2)がロボットにしたのと同じ質問を人(図ではH)にするという、先に述べたパターンである。

図7-3のパターン2は、ロボットがロボットにした説明に対して、ロボットが感想を言って、人に同意を求めるというパターンである。ロボット間の説明とそれに

対する感想ということで、対話がいったん成立しているので、さらにロボットが人に同意を求めた場合、人が同意してもしなくても、対話が成立したように感じられる。

図7-3のパターン3は、話題をAからBに切り替えるタイミングで人に問いかけ、人の答えに対して常に「そっか」と相槌を打つというパターンである。話題を切り替えるので、人がどのような答えを返しても、相槌だけを打って次の話題に進んでも、違和感なく対話を続けることができる。

図7-3のパターン4は、ロボットが人にした質問をロボットにするというパターンである。まずロボットは人に質問をし、人がそれに答える。ロボットは、人の答えに対して何か言うのではなく、もう一台のロボットに「あなたはどう?」と問いかけ、もう一台のロボットがそれに答えるのである。これも、実際にはロボットは、人間の答えを無視して話しを続けるのであるが、もう一台のロボットとその直後に同じ話題で対話することで、ロボットが人間の答えを無視したように感じない。

このようにして音声認識なし対話にはいくつものパターンがあり、これらを適切に組み合わせるとともに、音声認識対話も導入することで、非常に安定した対話ロボットが実現できる。

意図認識なし対話

音声認識なし対話に加えて、「意図認識なし対話」という、より巧妙な音声認識なし対話の方法がある。その仕組みを図7‒4に示す。

図7‒4　意図認識なし対話

意図認識なし対話では、まず、中央のロボットが人間に対し、(1)「AとBのどっちがいい？」と聞く。それに対して、人間は、(2)「Aだと思う」または「Bだと思う」と答えるのであるが、その直後に、右のロボットが(3)「うーん…」と考え込むような発話をする。それに対して、中央のロボットが(4)「私もAだと思う」と返答する。

この状況において、人間が「Aだと思う」と答えていた場合、中央のロボットは、人間に同意したように感じられるし、人間が「Bだと思う」と答えていた場合、中央のロボットは、右のロボットに同意したように感じられる。すなわち、右のロボットが「うーん…」と考え込む曖昧な反応を示すことによって、中央のロボットが、人間に同意するのか、右のロボットに同意するのか、どちらでも解釈が成り立つようになる。

言い換えれば、中央のロボットの意図は、人間の返答によって後付《あとづけ》で決めることができる。あらかじめ人間の意図(この場合、AまたはBの選択)を認識する必要がないのである。このような対話方式を、意図認識なし対話と呼んでいる。

これら、音声認識なし対話と意図認識なし対話を、従来の音声認識と組み合わせると、非常に安定した二体ロボット対話システムを実現することができる。

2章で説明した図2-6は、NTTドコモと共同で開発した、二体ロボット対話システムである。図の中でロボットは薄い台の上に乗っているが、その台には、NTTドコモが開発したマイクロフォンアレイが設置されており、複数のマイクを使って安定した音声認識ができるようになっている。

このNTTドコモが開発した音声認識システムと、音声認識なし対話、意図認識なし対話を組み合わせて、「質問攻めシステム」と呼ぶ、高齢者用の二体ロボット対話システムを開発した。この質問攻めシステムでは、ロボットは、いろいろな話題に対して高齢者に質問をどんどん投げかける。そして高齢者からの質問に対し、音声認識対話、音声認識なし対話、意図認識なし対話など三つの対話方法を用いて答えていく。

ロボットが人間と行う対話において、一つの話題に関して深い対話を実現するのは、かなり難しい。対話の進行に応じて、様々な人の好みや経験が語られ、それらに応じていかなければならない。ゆえに、二、三回のやりとりに制限された浅い対話でなければ、自然に対話を続けることができない。先に述べたアンドロイドのエリカはある程度深い対話ができるように、特定の話題について、ていねいに対話パターンが設計されているが、その設計には非常に手間がかかる。そこでここでは、どんどん質問を変えながら浅い対話を繰り返し、対話を続けるシステムにした。

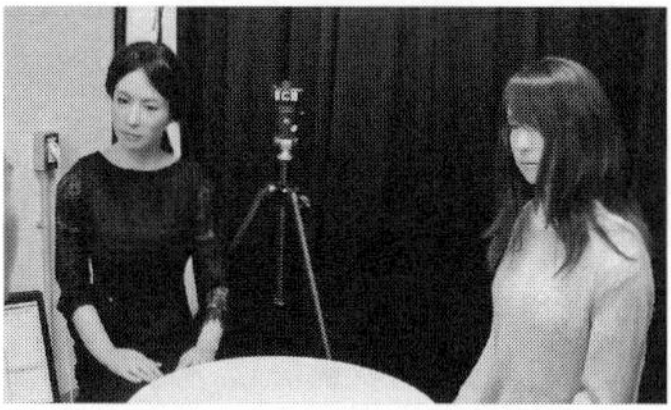

図7-5　2体アンドロイド対話システム

このシステムは、高齢者との対話を目的に設計した。高齢者にロボットが次々に質問をすることで、いろいろな記憶を思い出し、例えば認知症の予防に使ってもらおうという狙いである。

この二体ロボット対話システムに、人間そっくりのアンドロイドを用いれば、さらに対話感が増す。図7-5はアンドロイドを二体用いた対話システムである。多くの男性は、一台の女性アンドロイドと話す場合でも、ある程度気を遣うのであるが、それが二体になって、これまでに述べた安定して対話を進められる対話方法で、どんどんと話しをしてくると、その迫力に圧倒される。そしてアンドロイドの存在を非常に強く感じ、対話に巻き込まれていく。人によっては、その迫力からアンドロイドの質問に適切に答えられずに、「はい」「はい」と反応するだけの人もいた。

対話システムを強化するもう一つの方法は、ロボットの台数を増やすことである。

図7-6　多数ロボット対話システム

図7-6は四台のロボットを用いた、多数ロボット対話システムである。ロボットが四台にもなると、対話相手の人間は、ロボット中心の世界に足を踏み入れ、そこで対話しているような感じを持つ。ロボットとの一対一の対話であれば、人間が主導的に対話するシーンも多く見られるのであるが、四台もいれば、ロボット間での対話がメインになって、人間はロボットが質問してくれたときに応答するのが精一杯になり、対話を主導的に進めようとしても、なかなか進めることができない。

小さい子どもがたくさんいて、いろいろ話しをしている中に、大人が一人混じって子どもたちと話そうとしても、なかなかうまくできない状況に似ている。しかし話しができないのは、子どもたちが悪いわけではなく、全体として対話は成立している。多数のロボットとの対話は、多数の子どもたちとの対話に似た雰囲気で、どんどん進んでいく。
あらためて対話とは何かと考えれば、それは必ずしも相手の言葉を正確に理解したうえで、その言葉に対して返答することではない。そもそも私たち人間の日常的な対話においては、相手の言葉を正確に理解しないで話していることも非常に多い。少なくとも、相手の言葉を理解しなくても対話を続ける方法はある。

〈対話とは必ずしも、言葉の意味を理解して応答することではない〉

ということであり、このような対話に対する理解が、より人間らしい、より破綻の少ない対話システムを実現する大事なヒントをもたらす。

洋服を販売するアンドロイド

二〇一三年から二〇一五年にかけて、大阪のデパート、髙島屋で、アンドロイドが服を売るというプロジェクトに、名古屋大学の小川浩平准教授（当時大阪大学講師）と取り組んだ。このプロジェクトの目的は、アンドロイドで服を売る店員が実現できるかという、現実的な問いに答えることだった。むろん、簡単に実現できるものではなく、システム開発と、二週間程度の実証実験を半年ごとに繰り返し、五回目にしてやっと、人間の店員以上に服を売るアンドロイドを実現することができた。

このプロジェクトの最初の四回は、失敗の連続だった。最も難しかったのは、デパートというにぎやかな場所で対話するシステムを実現することであった。デパートでは常に音楽がかかっているし、多くの人の声もする。そうした中で音声認識を実現するのは、非常に難しかった。そこで導入したのが、タッチパネル対話という対話方式である。タッチパネル対話については後に詳しく説明するが、このタッチパネル対話によって、客はデパートという音声認識が使えない環境でも、アンドロイドと対話することができた。

そのタッチパネル対話のシステムを用いて、まず取り組んだのが、髙島屋一階のメインエントランス前での婦人用品の販売である。鞄などいくつかのアイテムの販売を行った。アンドロイドはタッチパネルを用いて客と対話し、商品を紹介する。

この取り組みはデパートでアンドロイドが販売員をするということで話題になり、多数のメディアに取り上げられた。そのため、多くの人がアンドロイドと対話しに来てくれた。しかしながら、さほどの売り上げにはつながらなかった。むろんある程度は売れたのであるが、人間の販売員以上に売り上げたということにはならなかった。むしろアンドロイドが珍しく、多くの人はこれが販売の実証実験ではなくて、珍しいアンドロイドの展示であるかのようにとらえていた。集客という意味では大成功したのであるが、販売員としてのアンドロイドの可能性を確かめることはできなかったのである。

そのためアンドロイドがデパートにいて当たり前になるくらいにならないと、アンドロイドの販売員としての可能性を確認することが難しいと考え、あきらめずに定期的にこの取り組みを続けることにした。

次に、夏のシーズンだったので浴衣の販売にチャレンジした。これも、デパートで一番目立つ一階のメインエントランス前で行った。システムとしては、同時に複数人が対話できるようにするなどして改善したのであるが、結果は同様で、集客効果はあるものの、アンドロイドが優れた販売員になれるということを確認することはできなかった。

三度目には、もう少し技術的なチャレンジを加えた。タッチパネル対話ではなく、音声認識を導入したのである。やはり技術開発に携わるものとしては、音声認識を諦めきれなかった。

デパートはにぎやかすぎるので、アンドロイドを取り囲むガラス張りの部屋を作った。その部屋に客を招き入れ、対話をしてもらい、最後はアンドロイドといっしょに写真を撮ってもらうというサービスを提供した。

そのころ、アンドロイドはミナミちゃんという愛称で、まるで髙島屋のマスコットのように知られつつあったので、それまでの実証実験と同様に、たくさんの来場者を集めることができた。しかしながら、この取り組みで用いた音声認識機能は、残念ながら期待したほど安定して動作しなかった。アンドロイドを囲む部屋は作ったのであるが、消防法上の問題で天井を塞ぐことができず、外からの音を十分遮断《しゃだん》することができなかった。また、当時の音声認識は、今のディープラーニングを用いた音声認識ほど頑強に動作するものではなかった。

四度目からは、場所を一階のメインエントランスから、上の階の催事場などに移して行った。集客よりも、販売員としての可能性を確かめるためである。

催事場で行ったのは、カシミアのセーターの販売だった。アンドロイドには、新たにカラーコーディネートの機能も追加した。アンドロイドは、対話しながらカラーコーディネートを行い、セーターを選んで推薦した。結果は必ずしも悪くはなかった。アンドロイドが直接売り上げたセーターの数は、それほど多くなかったのだが、セーターのコーナーの売り上げは前年度の一・五倍になった。注意深く観察していると、アンドロイドにカラーコーディネートをしてもらった後、アンドロイドからは買わずに、自分でセーターのコーナーを歩き回って、商品を選んで購入している人が多く見受けられた。

カラーコーディネートは実際に依頼すると、一万円くらいの費用がかかるサービスである。それが無料で受けられるのだから、アンドロイドと対話するのはお得であり、そのためかなり多くの人がアンドロイドと対話してくれたのだが(アンドロイドが暇になることは、ほとんどなかったと記憶している)、多くの人がカラーコーディネートの直後に、アンドロイドの前の席から離れてしまい、アンドロイドの売り上げは人間の販売員には及ばなかった。

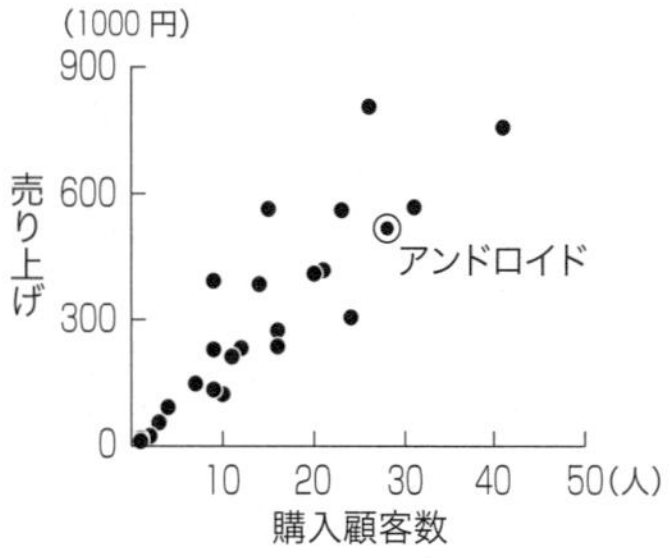

図7-7　アンドロイドの売り上げと顧客数

そして五度目のチャレンジとして、四階の男性服売り場での販売を試みた。結果、この五度目のチャレンジで大きな成功を収めた。男性服売り場には、二五人の人間の販売員が働いている。約一〇日間での売り上げや集客数の比較を、図7-7に示す。この図に示されるように、アンドロイドは売り上げでは上位六位、顧客数では上位三位の成績を収めた。

ただ重要なのは、アンドロイドは人間の販売員と比べて、非常に大きなハンディキャップがあることである。アンドロイドは歩き回れないために、担当する売り場面積は自分の周りだけで、人間の販売員と比べれば、おそらくは一〇分の一もない。また販売していた服の種類も非常に限定されていて、一万円から一万五〇〇〇円くらいする、ちょっとおしゃれに気を遣う中年男性が休日に着るような、ブランドのシャツを一〇種類程度だけ販売していた。一方で人間の販売員はといえば少なくともその一〇倍か、それ以上の数の商品を担当している。単純には計算できないが、売り場面積や商品種類から考えれば、アンドロイドは人間の一〇倍以上不利な状況にあったことは間違いない。

そのような状況で、二六人中、六位の売り上げというのは、平均的な人間の販売員をはるかに凌《しの》ぐもので、おそらくは人間の誰よりも優れた販売員だったと思われる。

アンドロイドとのタッチパネル対話

では、この人間の販売員を凌駕したアンドロイドの仕組みについて、詳しく説明しよう。それまでのシステムと同様に、まず、このシステムにもカラーコーディネートの機能を実装した。そしてタッチパネルの対話システムを、髙島屋で最も優秀な販売員の協力を得ながら、二、三週間にわたって、ていねいに実装した。

図7-8に、タッチパネルを用いてアンドロイドと対話するシステムを示す。まずアンドロ

イドが訪れた客に話しかける。それと同時に、答えの候補がタッチパネルモニターに表示され、客は、表示された候補の一つにタッチすることで、自らの答えを選択する。そうすると、コンピュータが客の代わりに答えを読み上げ、アンドロイドの発話に答える。

こんな簡単なシステムでは、対話感が得られないと思われるかもしれないが、実際はそうではなかった。客はこのシステムで十分な対話感を得ることができた。

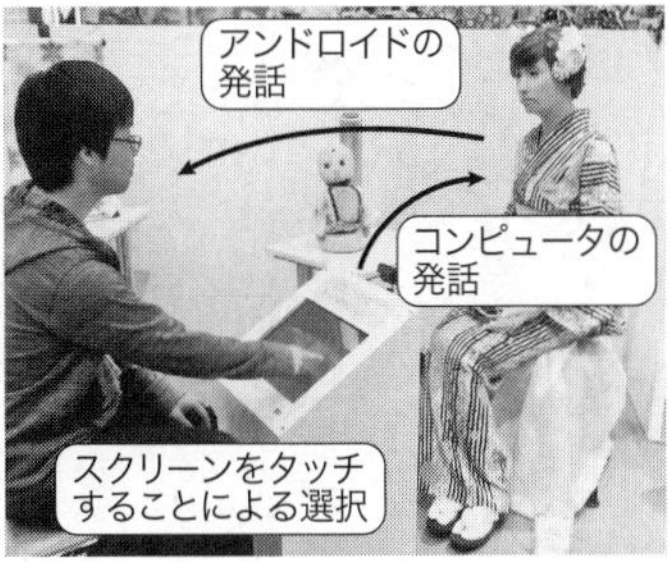

図7–8　タッチパネルを用いたアンドロイドとの対話

まず、重要なのが、アンドロイドの発話に対する応答は、必ずしも自分で作り出す必要がないということである。実際、私たち人間は、日常の対話において、言葉を自分で作り出しているかというとそうではない。誰かに教えられた言葉を記憶の中から探し出して、その言葉を発話している。ゆえにタッチパネルに、応答としてある程度妥当な選択肢があれば、それを選択することで自分の応答とすることができる。

そして、その選択した応答は、コンピュータが読み上げるのであるが、その声が自分の声とは違っていてもさほど抵抗は感じない。おそらく人間は、自分の声を厳密に認識していないのではないかと思われる。風邪を引いたら声が変わり、おかしな声になったと一瞬思うのであるが、しばらくしゃべっているとそれに慣れてしまう。

またそもそも周りの人が聞いている自分の声とは、自分がしゃべっているときに自分の耳で聞く声ではない。周りの人が聞いている自分の声は、いったんボイスレコーダーなどで録音してからでないと、聞くことができない。自分がしゃべっているときの自分の声は、自分の体を通して聞こえる声であり、そのときの体の姿勢や体調で簡単に変化する。ゆえに、自分の代わりにコンピュータが、自分が選択した応答を読み上げても、自分で選択しているのだから自分で発話しているのと同じように感じるのだろう。

〈対話するとは、発話することではなく、対話内容を自らの意思で選択すること〉だと言える。

もっともデパートという大勢の人の前で、アンドロイドに自らが話しかけるよりは、コンピュータが話してくれるほうが抵抗が少ないということもある。

それにも関わる、このタッチパネル対話におけるもう一つの重要な要素がある。それは、コンピュータが客の選択した応答を読み上げるという点である。アンドロイドにも自分にも、そして近くにいる人にも聞こえるように、通常の対話と同じ大きさの声で応答する。

人間は自分で発話した場合に、発話したことの責任を感じるが、それと同じように、このタッチパネル対話においても、発話に責任を感じる。自分が選択した応答が、周りの人にまで聞かれているわけだから、コンピュータが勝手に話しているわけではなく、自分が話させたということで、コンピュータの発話に責任を感じるのである。

すなわち、

〈タッチパネル対話によって、人は十分にアンドロイドと責任を持って話すことができる〉

のである。

髙島屋で最も優秀な販売員と作り上げたタッチパネルのシナリオは、図7-9に示すようなものである。

図には、ごく一部のシナリオだけを表示している。一番上のＳｔａｒｔから対話が始まる。横に複数並んだ四角形の箱は、タッチパネルに表示される選択肢である。それに続いて現れる

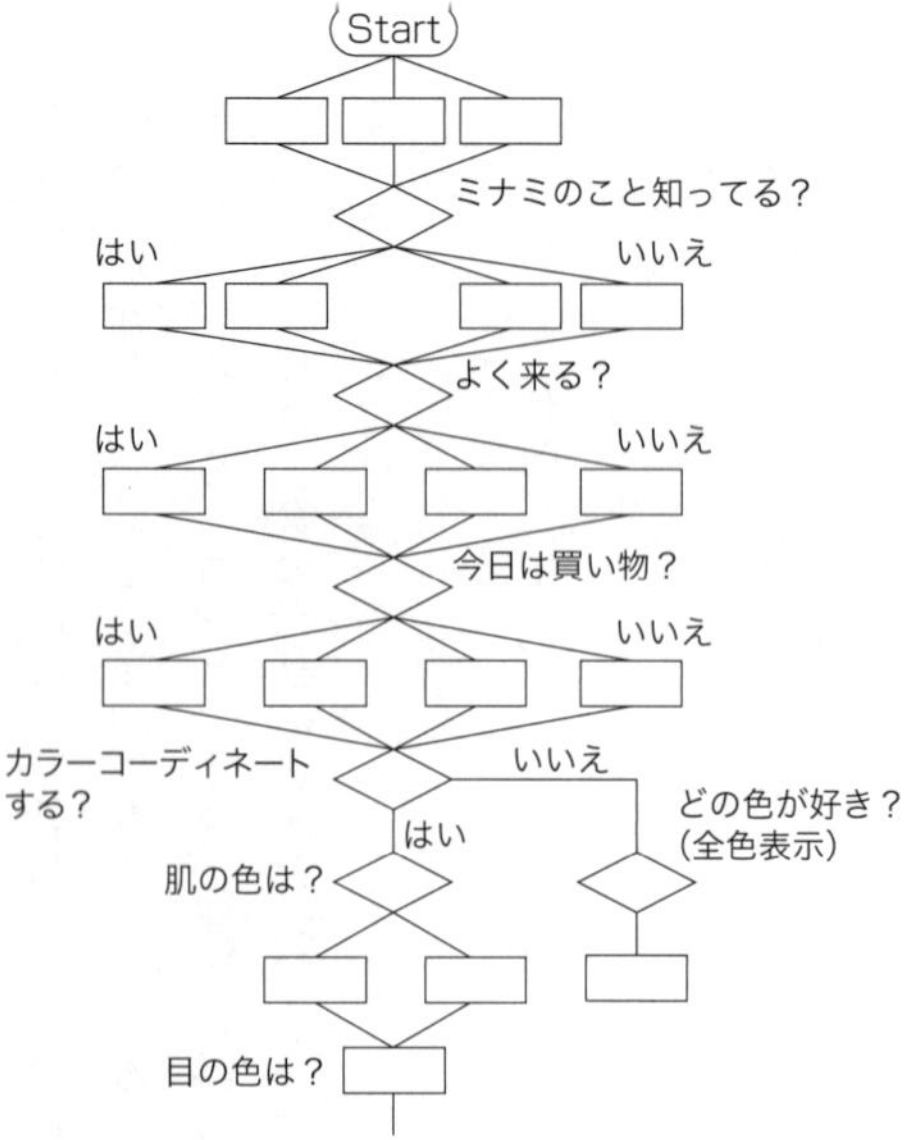

図 7–9　タッチパネル対話の対話シナリオ

ひし形は、アンドロイドの発話である。アンドロイドの発話と、客のタッチパネルによる選択を繰り返して対話は進んでいく。どのようなタイミングでどのような内容について話すかは、販売員の意見をもとに決めていった。

このタッチパネル対話で重要なのが、選択肢の数である。これは多すぎても少なすぎてもいけない。人間が短時間で判断できるような、適度な数にする必要がある。図7–10に、典型的なタッチパネルの選択肢の表示パターンを示す。図では四つの選択肢を表示する例と、二つの選択肢を表示する例を示している。

タッチパネルの選択肢の数については、簡単な実験を行って最適な数を探索した。選択肢の数が多すぎると、認知負荷も高くなり、選択に時間がかかり、選ぶだけで疲れてしまい、リズミカルに対話ができなくなる。一方、選択肢がほとんどないと、自分で意思決定している感じがしない。無理に誘導されているような気になる。厳密な実験結果ではないが、

〈選択肢としては、おおむね三つが最適で、多くても四つまでにしたほうがいい〉

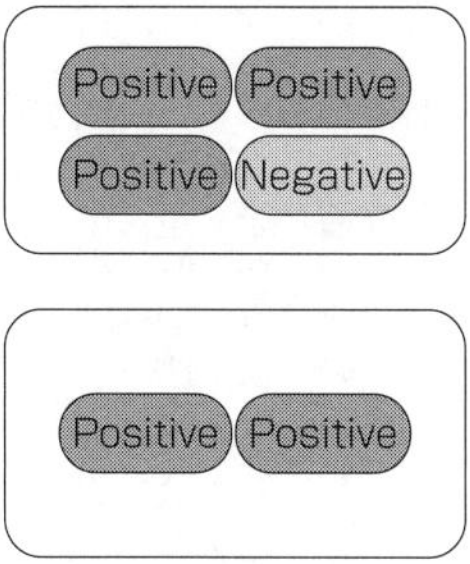

図7–10　タッチパネルの選択肢

ということが解かった。

選択肢の数に加えて、もう一つ工夫を加えた。それは、常にネガティブな選択肢を準備することである。図7–10の上の図では、三つの肯定的な選択肢に加えて、一つ否定的な選択肢を提示している例を示している。

人間には天邪鬼《あまのじゃく》なところがあり、対話がシステム主導で順調に進むと、ときにそれに刃向かいたくなる。そういったと

きのために、「そんなうまいことを言って、だまそうとしているんじゃないの？」などという、否定的な選択肢を提示しておく。

では否定的な選択肢が選ばれると、販売はただちに失敗するかというと、必ずしもそうではない。人を疑うような（この場合はアンドロイドであるが）否定的なことを発言すると、人はたいてい後ろめたい思いを多少なりとも持つもので、その後の対話はどんどん肯定的に進んでいく。むしろ、

〈時折、否定的な選択肢を選ばせることが、信頼感を持ってもらいながら対話を進めるために重要〉

なのである。

そして、十分信頼感が得られたと思われる場面になれば、選択肢は逆に極端に少なくしてもよい。ほとんど同じ意味の肯定的な二つの選択肢を提示してもいいし、選択肢を一つにしてもいい。たとえ選択肢を一つにしても、実は客はボタンを押すという選択を行っているわけで、自ら意思決定しているのである。また、その一つの選択肢が例えば「買います」という選択肢

で、コンピュータが「買います」と発話すると、客は発話に責任を感じ、購入を決断するということになる。

このアンドロイドのタッチパネル対話による販売は、先に述べたように非常にうまくいった。あまりにうまくいくので少々心配にもなり、アンドロイドとの対話を通して購入したすべてのお客に、実験者が「もし何か購入を押しつけられたように感じられましたら、また感じられなくても、返品したいと思われたら、返品してくださいね」と声をかけるようにした。

ところがこの実験者の声がけに対して、購入を押しつけられたと思ったり、返品したいと思ったりした人は一人もおらず、むしろ、人間の販売員よりも押しつけがましくなかったと、感想を言う人が多かった。

接客相手がアンドロイドであることは、当然すべての客が認識していた（残念ながら、人間と区別つかないほどのアンドロイドは実現できていない）。それゆえ、もし何かあればいつでも無視して立ち去れたのである。一方、人間の販売員の場合は、そうはいかない。立ち去るにしても相手に気を遣《つか》ってしまう。その点で、アンドロイドの店員にはプレッシャーを感じ難いのである。

加えて、多くの男性は服を選ぶことそのものに、多少の気恥ずかしさを感じるものである。

ゆえに、人間の、特に女性の店員の前では恥ずかしさも膨れ上がる。しかし、アンドロイドの店員にはその恥ずかしさを感じることがない。ロボットだと解かっているので、恥ずかしさを感じることなく対話できるのである。

そして、人間の店員に「お似合いですよ」と言われても、どこかで猜《さい》疑《ぎ》心《しん》を持つ。どうせ売り上げを伸ばそうと、適当なお世辞を言っているのだろうと、心の隅で思ってしまう。しかし、

〈アンドロイドには、そういった猜疑心を持たない〉。

疑わないのである。少し例は違うかもしれないが、人間はかなりロボットを信用する。買い物した際に、人間の店員から渡されるおつりはていねいに確認するが、自動販売機やセルフレジなどから出てくるおつりは確認しないことが多い。それと同様にアンドロイドの話す言葉は、たとえふだん周りの人が自分に対して言わない言葉であっても、思わず素直に受け止めてしまうのだろう。

すなわち、結論として、

〈アンドロイドの販売員は、場所と目的を適切に選べば、人間以上の成績を残せる〉

ということを確かめることができた。そして同時に、

〈対話においては、発話することが重要なのではなくて、選択を通した意思決定と、それに伴って発話に責任を感じることが重要である〉

ということが解かったのである。

人間どうしのタッチパネル対話

タッチパネルを用いた対話が非常に成功したので、さらにその可能性を探究するために、タッチパネルを人間どうしの対話に用いた。そのシステムを図7-11に示す。

向かい合って対話する二人の人間の前には、タッチパネルが置いてあり、二人の人間は、アンドロイドと人間の対話と同様に、タッチパネルに提示される選択肢を選びながら対話を進めていく。選択肢を選ぶと、アンドロイドのシステムと同様に、コンピュータがあらかじめ登録

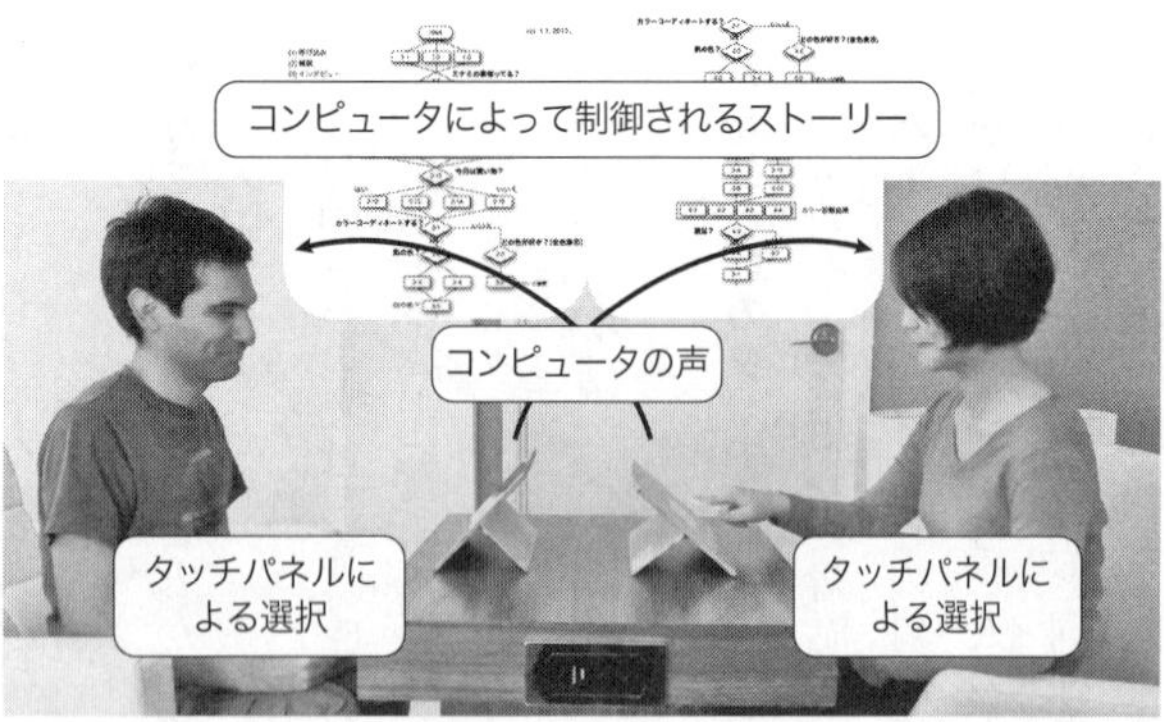

図 7-11　人間どうしのタッチパネル対話

されている本人とは別の声で、選択肢を読み上げる。ただ声の性別は一致するように、あらかじめ男性と女性の声が準備してあり、対話者の性別に合わせた声で読み上げるようになっている。対話のシナリオは、最初けんかをして、最後は仲直りするようになっている。選択肢は用意されているものの、たいていは似たような意味の選択肢になっている。ときには、かなり異なった意味の選択肢もあるが、その場合は別のシナリオに分岐し、再び元のシナリオに戻ってくるように工夫されている。

タッチパネルを使って、この対話に参加すると、ほとんどシナリオは決まっているのであるが、まるで自分の意思で対話しているかのような感覚になる。その結果、対話前と対話後では、実際に人間関係も変わる。仲よくなるシナリオでは、実際に仲よくなる。

二〇一七年のドワンゴ主催のニコニコ超会議において、

この人間どうしのタッチパネル対話を用いた恋愛実験神社という企画に取り組んだ。まず、この企画のために、ドワンゴの有志があつまり、男女を結びつける様々な対話シナリオを準備し、それをもとにタッチパネル対話を作った。そして会場で初対面の二〇〇組の男女を募集し、それぞれタッチパネル対話を体験してもらった。体験の後、互いに相手に好感を持った場合は、いっしょの出口から外に出てきてもらうというものだった。結果、カップル成立率は八〇％であった。この確率は非常に高い。初対面の者どうしが対話するだけで、相手に好感を持てるのである。

成立したカップルの何人かに意見を聞くと、「相手の方の話しが面白かった」という意見がよく聞かれた。むろん、これはあらかじめ準備されたシナリオなので、面白いのは当然で、その仕組みも参加者はおおむね理解しているはずなのであるが、まるで相手が考えて話しているように感じたのである。これはタッチパネル対話を通して、参加者はそのシナリオの当事者になれたということである。ドラマを見てその当事者になることを想像する人は多いと思うが、このタッチパネル対話のシステムを使えば、いきなりドラマを自分たちで体験することができるのである。

対話の本質

人は人と話しをするときに、その話しのネタはどのように得ているのだろうか。自分で考えている人は、ほとんどいないだろう。たいていは、小説やドラマや映画で見たシーンからもってきたり、誰かから聞いた話しを借りたりしているのではないだろうか。

自分で経験できることは非常に限られており、そうそうドラマチックな人生を歩めるものではない。それゆえに、他人の経験をいろいろな形で共有している。対話の目的の一つは、そうした他人の経験を共有したり、自分たちで追体験したりすることではないかと思う。

この研究をさらに深めていけば、対話の本質が浮き彫りになっていくように思えるのである。

8章　体とは何か

遠隔操作アンドロイドへの操作者の適応

人間にとってもロボットにとっても、体は重要である。それは誰もが知っていることだし、解かっていると思っていることである。人間も体がないと動けないし、体があるから、いろいろな体験ができる。このことは身体性とも呼ばれる。

しかし、その体はどこまで自分の体なのか。例えば着ている服は自分の体の一部なのだろうか。髪の毛は切っても痛くないけれど、自分の体なのだろうか。体の境界を考えると、かなり曖昧である。

そのような体について、遠隔操作アンドロイド、ジェミノイドを開発したとき、非常に興味深い現象が起きた。図8-1は1章にも示した、ジェミノイドを遠隔操作している様子である。再度説明すると、このジェミノイドの操作において、操作者はモニタを見ながら話しをする。

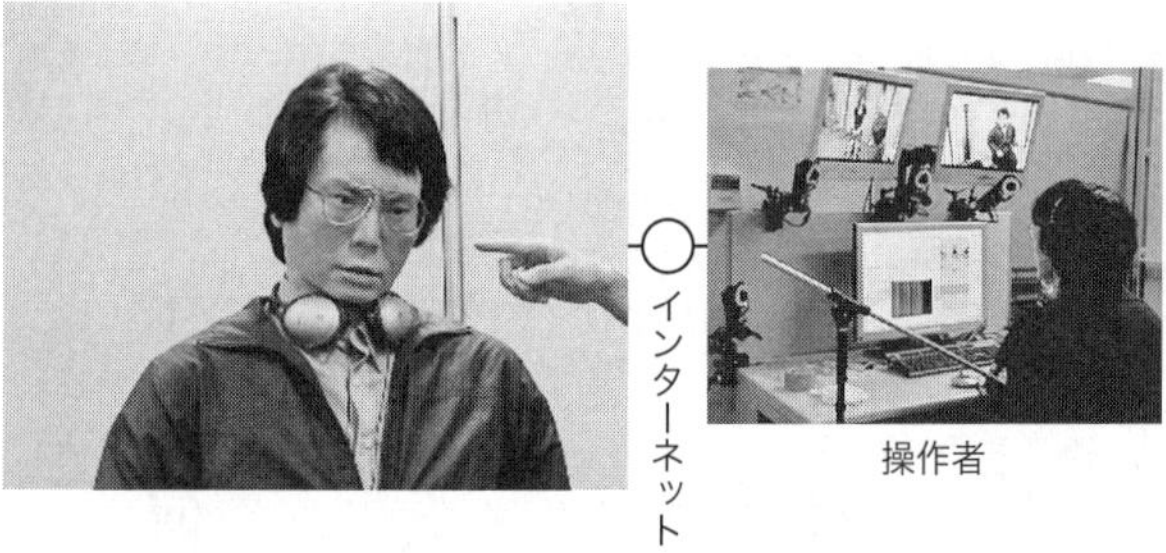

図 8–1　ジェミノイドの体を自分の体のように感じる

そしてその声をコンピュータが分析して、ジェミノイドの唇や頭の動きを造り出すというものである。操作者には、特別な装置はいっさい取りつけられていない。単に机の前に座っているだけである。

このジェミノイドを使って、人としばらく話しをすると、操作者はジェミノイドの体を自分の体のように感じ始める。操作者にもよるが、五分から一〇分、ジェミノイドを使って人と話しをした後に、話し相手が急にジェミノイドに触ると、操作者はまるで自分の体が触られたかのように感じるのである。これはかなりはっきりした感覚で、女性の操作者のほとんどが、また男性の操作者の半数以上が、そうした感覚を感じる。

対話を目的とした遠隔操作であるが、

〈自分の意図に従って遠隔地の人と対話できるジェミノイドは、操作者の体になる〉

ということである。

これは遠隔操作ロボットの、大きな可能性を示している。後に述べるように単なる遠隔操作から、身体拡張に発展しているということである。そしてその身体は、脳と直接繋がっているのではなく、インターネットを介して繋がっており、身体は世界中のどこに存在していてもよいということになる。

〈遠隔操作ロボットを使えば、空間の制約を超えてどこにでも存在することができる〉

ということである。さらには、いろいろな活動をするために、いちいち移動する必要もない。遠隔操作ロボットをあらかじめ送っておいたり、複数をいろいろな場所に準備しておいたりすれば、それらの遠隔操作ロボットに乗り移って、働きだすことができる。

〈遠隔操作ロボットを使えば、時間の制約を超えて活動することができる〉

ということになる。

遠隔操作ロボットを使えば、これら空間や時間の制約を克服できるだけでなく、身体や脳や感覚器の制約も克服することができる。体を動かすことが難しい遠隔操作者が、自由に体が動く遠隔操作ロボットを使えば、その体の制約を克服できるのである。働くこともできるのである。

また、遠隔操作のシステムを工夫すれば、人間以上の感覚を持つことができる。カメラやマイクロフォンは、状況や目的を選べば人間以上の性能を持つものもある。例えば、赤外線カメラを使えば、人間の目では見えないものも見ることができるようになる。

さらに操作画面に、対話を通して行う作業やサービスに関する知識を提示しておけば、自分が持たない知識を使いながら、遠隔操作をすることができる。


〈遠隔操作ロボットを使えば、身体や脳や感覚器の制約も克服して活動することができる〉

のである。

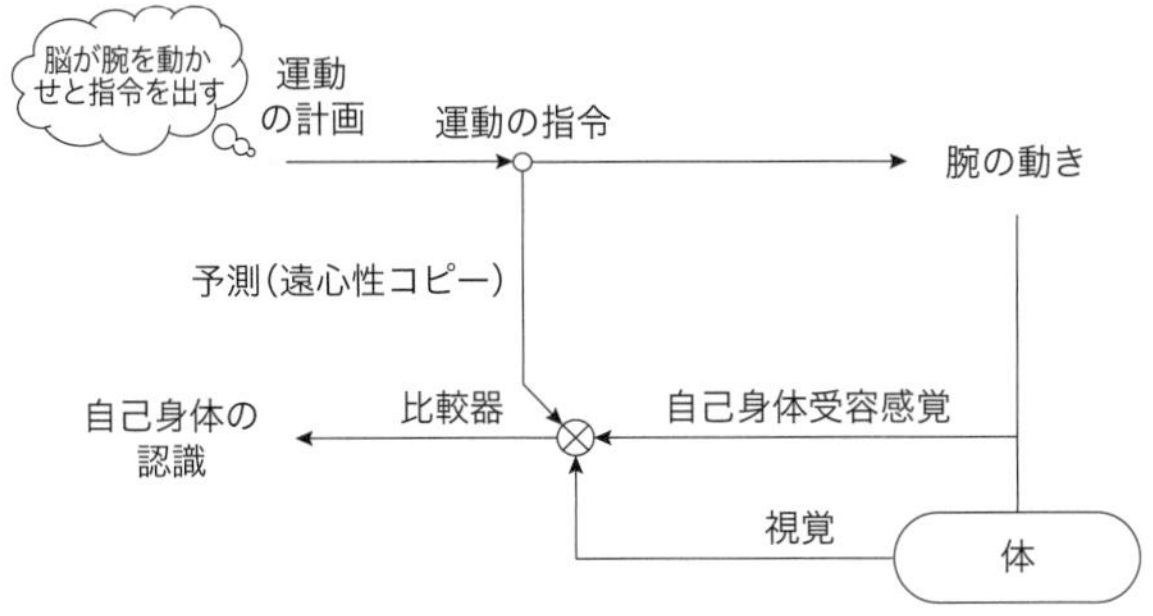

図8-2　脳と体の関係

脳波による遠隔操作

では、このジェミノイドの遠隔操作において、本当に操作者の脳はジェミノイドの体を自分の体のように感じているのだろうか。これをより詳しく調べるための実験を、大阪大学の西尾修一特任教授(当時ATR研究員)らと行った。

まず、その実験に先立って、脳が体をどのように制御しているかを調べた。

図8-2は、体が脳からの指令をどのように受け取っているかを示した図である。脳が腕を動かせという命令を出す(声を出すのではなくて、頭の中で念じる)と、脳から運動の指令が出て、腕が動く。そのとき、同時に予測(遠心性コピーとも呼ばれる)が作られる。すなわち、脳が腕を動かすと同時に、腕はきっとここまで動くはずだという予測を立てるのである。

なお比較器は、自己身体受容感覚や視覚と予測を比較して、

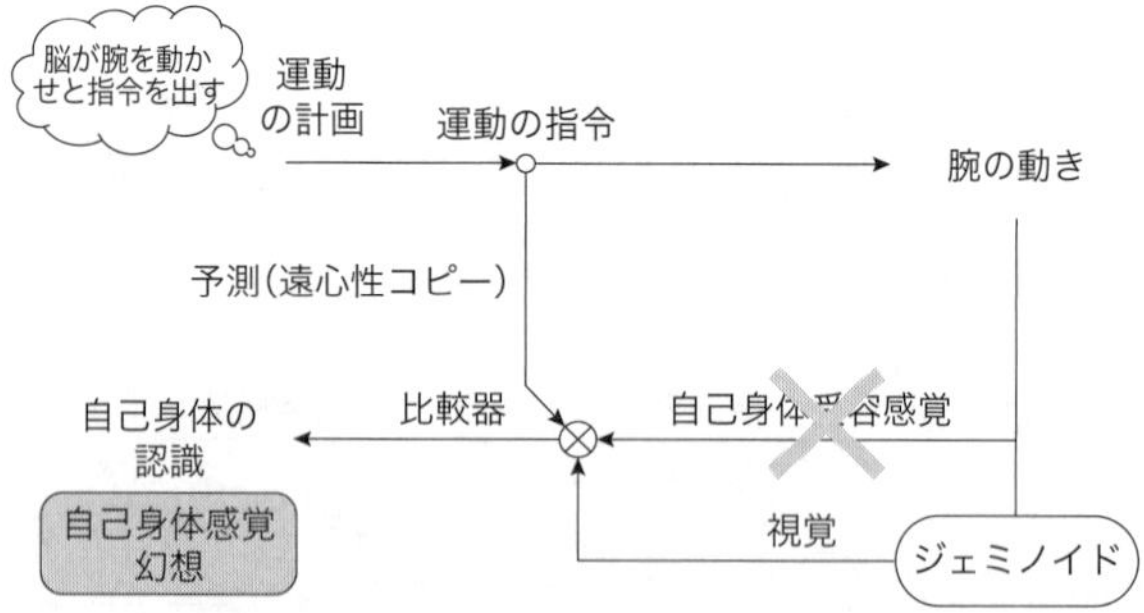

図8-3　遠隔操作者の脳とジェミノイドの関係

それらが予測どおりかどうかを判定する。予測どおりであれば、自己身体と認識する。

一方、腕が動くと、体は自己身体受容感覚と視覚でその動きを確認する。

自己身体受容感覚とは、腕の場合であれば、腕にある触覚などの様々な感覚器である。人間が腕を動かしているとき、目をつむっていても自分の腕が動いていることを知覚できるが、その感覚のことをいう。一方で視覚による動きの確認とは、自分の目で自分の腕を見て、動いていることを確認することである。そして、この自己身体受容感覚および視覚による観察が、先の予測と一致することで、腕が自分の体の一部であると認識している。

ジェミノイドを用いた場合は、図8-3に示すように、その脳と体の関係は多少異なってくる。

まず、体はロボットであるジェミノイドに置き換わる。そ

図 8-4　脳波計測装置を用いた遠隔操作システム

して、モニタを見てしゃべっているだけなので、視覚は残るが、自己身体受容感覚はなくなる。そのような状況においても、操作者はジェミノイドの体を自分の体のように感じる。ジェミノイドを遠隔操作しているときに、ジェミノイドの体を自分のように感じているという状況(自己身体感覚幻想と呼ばれる)である。

このことを精緻に調べるために、脳波計測装置(EEGとも呼ばれる)を用いた遠隔操作システムを開発して、実験を行った。図8-4に示すのが、その実験システムである。

この操作システムにおいて、操作者(右の図)は体をまったく動かさない。すなわち、自己身体受容感覚がまったく発生しない状態で、脳で考えるだけでジェミノイドを操る。

ジェミノイドの頭上には、ジェミノイドの一人称視

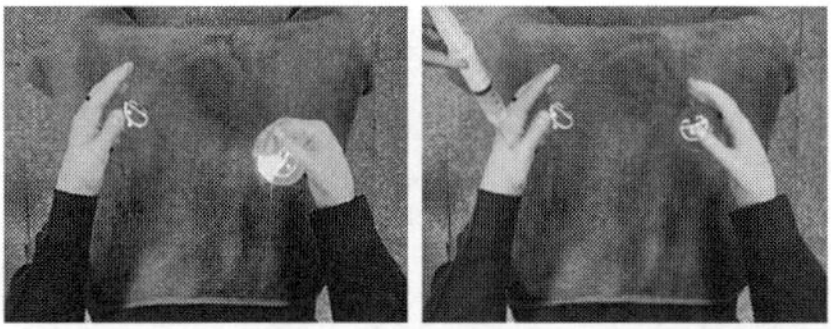
図8-5　ジェミノイドの一人称視点の映像

点でとらえられた視野を再現するためのカメラが設置されている。その映像は、図8-5の左の図のように見える。ジェミノイドは自分の両腕を見ているのである。操作者はその映像を、ヘッドマウントディスプレイを使って見ている。

操作者が行う操作は、ジェミノイドの右手または左手を動かすという操作である。「右手動け」または「左手動け」と考え、ジェミノイドの右手または左手を、拳を握りしめるように動かすというものである。操作者が「右手動け」または「左手動け」と考えると、脳にはその思考が脳波のパターンとして現れる。その脳波パターンを、脳波計測装置を用いて計測し、計測された脳波のパターンが「右手動け」または「左手動け」に対応するものであれば、コンピュータはジェミノイドの右手または左手を動かす。

この脳波によるジェミノイドの操作は誰もができるわけではない。そもそもすべての人間の脳の活動を、脳波計測装置で安定的に計測できるわけではなく、どうしても計測できない人もいる。また人によって、集中力も異なる。

このシステムを用いた実験では、被験者の約半数が、三〇分のトレーニングを経て、脳波によってジェミノイドの右手または左手を動作させることができるようになった。

重要なのはこの先で、ジェミノイドを脳波で動作させることができるようになった後に、図8-5の右の図に示すように、ジェミノイドの左手にいきなり注射の針を刺した。そうしたところ、多くの被験者(操作者)が、自分の手に注射をされたように感じたのである。

実験では「自分の手に注射をされたように感じましたか」というアンケート調査を行うとともに、被験者の左手の発汗を、発汗を計測する装置(SCR)によって調べた。その結果、どちらの調査においても、注射をされたと感じたり、手に汗をかいたりした人がかなり多かった。

すなわち、

〈体がまったく動かない状態で、脳波だけで制御するジェミノイドであっても、操作者はジェミノイドを自分の体だと感じる〉

ということを確認することができた。これは非常に重要な発見である。例えば、体を動かすことができない脊髄損傷の人やALS(筋萎縮性側索硬化症)の人が、将来ロボットやアンドロイドの体を自分の体として利用し、自由に活動できる可能性がある。

脳とアンドロイドの体の繋がり

この脳波計測装置を用いたジェミノイドの遠隔操作実験で、さらに興味深い現象を確認することができた。

操作者が、脳波によってジェミノイドを操作できるようになるためには、三〇分程度のトレーニングが必要だと述べたが、そのトレーニングの途中で、ジェミノイドの手を先に動かしてみた。操作者が「右手動け」と考えて、右手を動かそうとしているときに、まだ脳波が右手を動かすパターンになっていない段階で、ジェミノイドの右手を動かしてみたのである。

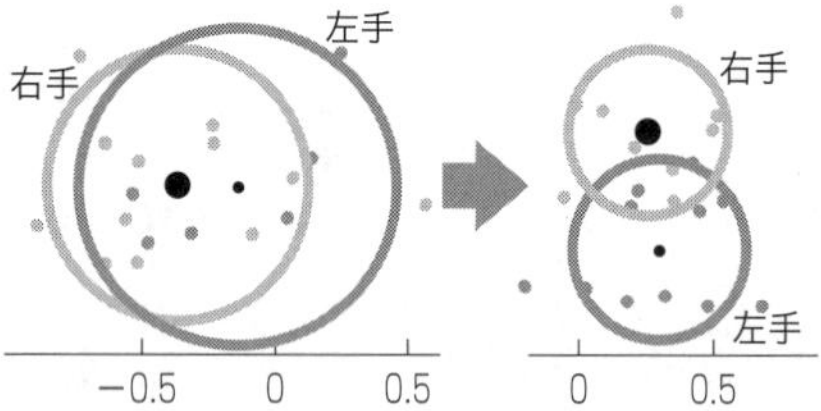

図 8-6　操作者の脳波パターンの改善(最初は右手と左手に対応する脳波パターンは重なっているが，それがきれいに分離)

そうしたら、急に脳波が右手のパターンに変化した。図8-6は、その様子を示す。最初脳波は、左の図に示されるように、右手や左手に対応するパターン(図中では円で示されている)の区別がつかない状態にあり、コンピュータはジェミノイドの手を動かすことができない。しかし、ジェミノイドの手を先に動かしたところ、右手や左手に対応するパターンが、右の図に示されるように、きれいに分離したのである。これは、ジェミノイドの体が脳に繋がっていることを意味する。
これも非常に重要な実験結果である。脳で考えてジェミノイドが動くだけでなく、ジェミノイドが動くとそれに応じて脳が反応するという、

〈脳とジェミノイドの体が双方向に繋がっている〉

ことを確かめることができたのである。人間の生身の体であれば、脳と体が双方向に繋がっていることが確認できる場面はたくさんある。例えば、ダンスを学ぶ場合、頭で考えて、体を動かすだけでなく、コーチに体を動かしてもらいながら、その動かし方を学ぶということがある。しかし、操作者の脳とジェミノイドの体が、双方向に繋がっていることを確認した研究は、世界で初めてではないかと思う。いずれにしろ、

〈遠隔操作ロボットは、単なるロボットではなく、操作者の体として受け入れられるロボットになる〉

ということを一連の研究で確かめることができた。

侵襲型ブレインマシンインターフェース

アンドロイドの遠隔操作に用いた脳波計測装置は、「ブレインマシンインターフェース」とも呼ばれる。脳と機械を繋ぐインターフェースという意味である。

先に紹介した実験で用いたのは、ＥＥＧと呼ばれる脳波計測装置で、頭に脳波を計測するたくさんの電極のついた帽子をかぶって計測する。このような脳波計測装置は、非侵襲型ブレインマシンインターフェースと呼ばれる。頭皮や頭蓋骨を侵襲することなく、測定ができるからである。

しかし、問題は感度がよくない。非常にノイズが混入しやすく、脳波を正確に測定するのがかなり難しい。脳波は脳の活動で発生するが、ＥＥＧを用いると、その脳と電極の間には、頭蓋骨や頭皮や髪の毛が挟まり、それらによって脳波が乱されてしまう。ゆえに、非常にはっきりした脳波しか計測することができず、それをロボットの制御に用いても、右手または左手を動かすのが精一杯だったりする。

より正確に脳波を計測できるのは、脳に直接電極を埋め込む、侵襲型ブレインマシンインターフェースと呼ばれる装置である。侵襲型のブレインマシンインターフェースは、頭蓋骨に穴を空けて、そこから電極を脳に差し込む。脳の活動を、直接電極を通して計測するので非常に感度がよい。

しかし当然、この実験には倫理的な問題が生じる。現在、この実験が許されるのは、後に述べるように治療が必要な人に限られており、大学内の厳しい倫理審査で承認されなければならない。

この侵襲型ブレインマシンインターフェースには、いくつかの方式がある。近年有名になってきているのは、米国ニューロリンク社のブレインマシンインターフェースである。ニューロリンク社のブレインマシンインターフェースは、頭蓋骨にコイン程度の穴を空けて、そこから、細い電極を縦に何本も差し込む。頭蓋骨に開ける穴が小さいために、侵襲性が比較的少ないとされている。

一方、大阪大学大学院医学系研究科の平田雅之特任教授(当時大阪大学准教授)らが取り組んでいる方法は、頭蓋骨をいったん大きく開き、脳の表面、特に、運動野や感覚野が集まる中心溝付近に、表面電極を貼りつける方法である。ニューロリンクが脳に電極を差し込むのに対して、この方法は脳をいっさい傷つけないため、頭蓋骨は大きく開けるのだが、脳そのものに対する侵襲性は低い。表面電極を外部と通信する小型の装置とともに埋め込んだ後、頭蓋骨が閉じられ、後は非接触で外部と通信することができるようになる。

驚くべきことは、この侵襲型ブレインマシンインターフェースを使えば、ほとんどトレーニングすることなく、誰でもいきなり複雑なロボットを動かせるようになるのである。人間の脳の運動野《や》には手や腕を動かす電気信号が現れる。侵襲型ブレインマシンインターフェースはその信号を直接読み取り、ロボットに送っているだけなので、トレーニングが必要ないのである。

非侵襲型と侵襲型のブレインマシンインターフェース、今後はどちらが主流になるかというと、私は侵襲型が主流になると考えている。非侵襲型はノイズが多すぎて、実用的な作業にはまったく使えないだろう。一方、侵襲型の技術は今後さらに進んでいき、ニューロリンクの説明では、角膜手術のレーシックと同じ程度の侵襲性で手術が可能になるという。そうなれば、かなり多くの人が利用するようになるかもしれない。

ただし、侵襲型のブレインマシンインターフェースは、誰でも使えるものではない。現在は、治療において脳に電極をいれて、その活動をモニタしなければならない患者の協力のもとに、実験が行われている。そうでない人には行えない。

スマートフォンと脳

今後、例えば、ブレインマシンインターフェースがあれば、スマートフォンの入力は考えるだけで入力できるようになるであろう。今非常に多くの人が、電車の中でスマートフォンを使ったり、生活のあらゆる場面でスマートフォンを手に握り締めて、日常的に操作をしているが、これが、ブレインマシンインターフェースによって、脳で考えるだけでできるようになったらどうだろうか。入力が面倒なスマートフォンのインターフェースから解放され、非常に快適にスマートフォンを利用できるようになる。

入力がブレインマシンインターフェースでできるようになれば、むろん、情報提示もブレインマシンインターフェースでできるようになる。画面を通して情報を見るのではなくて、脳に直接イメージが浮かぶようにできる。そうなれば、スマートフォンを手に持つ必要もなくなる。いつでもどこでもネットワークに繋がり、あらゆる情報にアクセスできるようになる。すなわち、

〈ブレインマシンインターフェースによって、脳の機能が大幅に拡張される〉。

そういった時代が、やってくるのである。

第三の腕

人間の脳の可塑性《かそせい》は非常に高い。それゆえ、脳に電極を埋め込み、それがスマートフォンやロボットと繋がれば、脳は、それらに情報を送ったり、それらから情報を受け取ったりするために、電極を中心として、最適な構造に変化していく可能性がある。

私の研究グループでは、そうした脳の可塑性に関する研究にも取り組んでいる。図8−7は私の研究室のメンバである大阪大学の西尾特任教授らが取り組んだ、第三の腕を非侵襲型ブレインマシンインターフェースで制御する研究である。

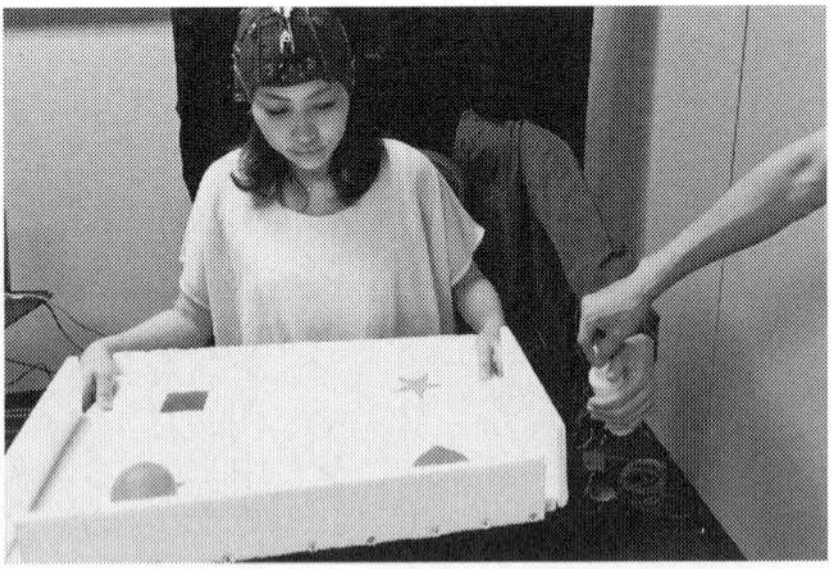

図 8–7　第三の腕の制御(写真の左側が被験者. 自分の両手でボードを持って，ボールが目的の位置に来るようにバランスを取っている. 右にある黒いシャツを着ているのが第三の腕. その腕を使って，差し出されたペットボトルをつかんでいる)

写真に写っている被験者は、両手を使って、ボードの上のボールが目的の位置に来るようにバランスを取りながら、三本目の腕を脳波で制御している。平たいボードの上のボールは、注

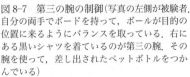

意を怠れば、簡単にボードの端にぶつかってしまうために、かなり集中して両腕を制御しながら、バランスを取り続ける必要がある。そのような状態で、体の隣に置かれたもう一本のアンドロイドの腕を脳波で制御しながら、差し出されたペットボトルをつかんでいる。

むろん、このような作業は誰でもできるわけではないが、トレーニングをすれば、六割の被験者が八〇%以上の成功率で、第三の腕の制御できるようになる。

この第三の腕を動かしているときに、実際に脳でどんなことが起こっているかは、正確に理解できているわけではなく、さらなる研究が必要である。しかしながら少なくとも、

〈新たに人工の腕を追加しても、人間はトレーニングすれば、動かせるようになる〉。

もう一つ、興味深い実験結果がある。第三の腕として使われたのは、私のアンドロイドであるジェミノイドの腕のコピーである。すなわち人間らしい腕を使った。

この人間らしい腕の代わりに、単純な機械の腕を準備し、それを第三の腕として制御しようとした。驚くことに、この機械の腕の場合は、制御できなくなる人の数が途端に増えた。人間らしい腕は自分の腕のように制御しやすいが、機械の腕は制御しにくいのである。

一般に、人間として関わっていいかどうかを判断するだけなら、人間らしいロボットであるアンドロイドのほうが、人間として受け入れられやすい。一方、ロボットらしいロボットを人間のように受け入れるには時間がかかる。同様の現象が、この第三の腕の制御にも見られた。

体の本質

この章では、人間の体とは何か、脳と体はどのように繋がっているのか、という基本的な問題について、アンドロイドを用いた実験を通して考えてきた。人間の操作者がブレインマシンインターフェースを用いて操作すると、アンドロイドの体をまるで自分の体のように感じ、操作者の脳とアンドロイドの体が繋がることが、いくつもの実験を通して解かった。これが意味することは、人間の脳は自分の体だけと繋がっているのではなく、アンドロイドの体とも、比較的容易に繋がることができるということである。すなわち、

〈人間の脳と体は通常、それほど密に繋がっていない〉

ということではないだろうか。

脳は体が思い通りに動いていると思える間は、その体を自分の体のように感じて受け入れる。それゆえに、思い通りに動かなくなると体がロボットに置き換えられても、比較的容易にその体を自分の体として受け入れることができる。このことは、脳と体が常に密に繋がっているものではないことを示唆している。

このロボットの体は、今後様々に発展させることができる。第三の腕を持たせても操作できるようになったということは、必ずしも人間と同じ体を操作者に与える必要がないということである。腕が三本、四本と増えてもおそらく人間は、その体を受け入れていくことができる。

〈遠隔操作ロボットの体を人間の体以上に発展させることで、それと一体化している人間は身体能力を飛躍的に発達させることができる〉

むろん、このロボットの体としては、人間の腕や足にこだわる必要もない。もっと早く移動したければ、翼をつけてもいいし、車輪をつけてもいい。元来、人間が持つ体の部位にこだわらず、様々な機能を自分の体に取り込めるのである。そして、機械で実現される運動能力は、人間の体で実現されている運動能力よりもはるかに優れている。車輪で移動する機構は、人間

がその足で走るよりもはるかに速く移動できる。こうした機械で実現される機能を自分の体に取り込むことの意味は、

〈生身の体の制約から解き放たれて、自由に体を発達させられる〉

ということである。

9章　進化とは何か

進化における二つの方法

8章で述べたように、体を機械に置き換えることができると、人間はさらに進化できる可能性があると私は考えている。ここでは、その人間の進化について考えてみよう。

数十万年先に、人間はどのような姿形になっているのだろうか。そうした人間の未来について考えてみよう。

人間は動物と異なり、その進化には二つの手段がある。一つは他の動物と同様に、遺伝子を用いた生物的進化である。もう一つは、技術である。

人間は技術によって、その能力を格段に拡張してきている。例えば、携帯電話を使えば、遠く離れた米国にいる人とも話しをすることができる。人間の聴覚や発話能力を、格段に進化させた結果だと言ってもよい。また月に行きたければ、ロケットを使って行くこともできる。

これらの進化は、おそらく遺伝子では実現することはできないだろう。いくら遺伝子を改良しても、未来において生身の体で、日本に住む人間と米国に住む人間が、直接話しができるようになるとは考えられない。それに、そんなことができる生物はこの世に存在しない。また、いくら遺伝子を改良しても、月に行くこともできない。そもそもタンパク質でできている遺伝子は、放射能に溢れる宇宙空間で生き残ることはできないだろう。

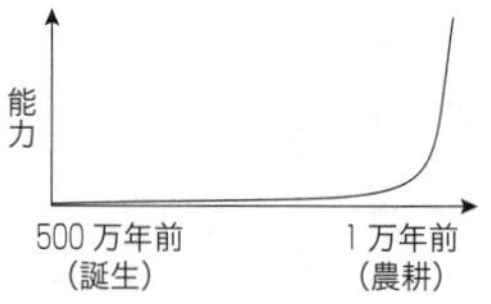

図9-1　技術による人間の進化

このように、人間は遺伝子に加えて、技術という進化の方法を手にした。そして、その技術による進化は、遺伝子による進化よりもはるかに速度が速いのである。

技術による人間の進化は、その技術の発明とともに始まった。図9-1は、その進化の様子を表している。五〇〇万年前に人類が誕生し、一万年前に農耕が始まった。それ以来、技術は加速度的に発展してきており、その技術の発展に伴い、人間はその能力を加速度的に拡張してきた。

人間と技術の関係

人間の定義とは何か？　人間とは何か？　これらの疑問に答えることはできない。これらの疑問の答えは、人間が人間として生きながら、探し続けているものだと思う。プロローグで述べたように、大学において多くの学問を担う学部があり、それらのほとんどが、究極には人間とは何かという問いに答えようとしている。法学しかり、医学しかり、教育学しかり、それぞれの視点から人間を探究しているのである。

そうした、いまだに理解ができない人間であるが、少なくとも言えることは動物とは異なるということである。動物は技術を持たない。動物は技術によって文明を築いていない。すなわち、

〈人間とは、動物と技術を合わせたものである〉

ということは間違いない。少々乱暴に人間を模式的に表せば、図9‒2に示すようなものであろう。

動物と技術を合わせた人間なのであるが、現代の人間はその活動の多くを技術に頼っている。技術なしでは生きられないと言っても、過言ではない。住んでいる家やビルはもちろん技術の

図 9–2　人間とは

産物であり、また周りの山や川も土木技術によって整備されている。都会においては、人間の手が入っていない純粋な自然を見つけることは、ほぼ不可能であろう。

人間の体も同様である。服を着て、メガネをかけて、片時も離さずスマートフォンを手に握りしめている。さらには、その体の内部には、骨を支える金属や人工臓器を入れている人も少なからずいる。

そう考えれば、人間の中身のほとんどが技術によって支えられ、一部が動物的なものとして残されている可能性を考えていいだろう。図9-2に示されるように、人間はすでにその活動の大半を、技術によって支えられているかもしれないと言ってもいいのではないだろうか。

一方、その動物的なものとは何かであるが、例えば脳はまだ生体のままである。近い将来ブレインマシンインターフェースで拡張される可能性は十分にあるが、今のところ脳は、動物的な組織として残されている。

そしてこのような人間は決して、技術開発を止めない。

人間は能力を拡張して生き残っていくという、遺伝子に刻み込まれた使命に従って、その能力を拡張し続けている。

人間の能力を拡張する新しい技術は、この世に生き残るという使命を帯びた人間にとっては、非常に魅力的なものである。ゆえに、それを手に入れ、生活を豊かにすることが、人間の生きる目的であり、経済の発展を支えている。しかし、それにより環境をこわしているという事実もある。

でも、人類の歴史において技術が衰退したことはほとんどないのである。ただ実際には少しはある。産業革命のころにイギリスで起こったラッダイト運動では、機械が人間の職を奪うという懸念から、機械が壊された。また中国の文化大革命においても、科学技術の発展が抑制された。しかし、これらの出来事は、長い世界の歴史においては、比較的短期間で局所的なことであり、技術はどんどんと発展し続けている。温暖化をもたらすことからCO_2排出量削減のため、いまの生活が問われているが、その解決も技術開発によるところが大きいと思われる。

人間は無機物から生まれて無機物に戻る

こうした技術の発展の先には、今の人間が技術だけで構成される存在になる日が来るかもしれない。図9－2では人間の活動の大半が技術に支えられ、技術に置き換えられてきていることを示した。そして人間の中に残された動物的な部分としては、例えば脳があると説明したのであるが、その脳も近い将来、コンピュータに置き換えられる可能性は十分にある。コンピュータの性能は年々向上し、しばらくすれば圧倒的な計算能力を持つ量子コンピュータが実現される可能性もある。

現時点において、タスクを明確に定義すれば、コンピュータはほとんどのタスクにおいて、人間を超える。例えば、将棋や囲碁はコンピュータのほうが圧倒的に強い。記憶や計算能力は、人間はコンピュータの足下にも及ばない。絵を描いたりするのも、平均的な人間よりもコンピュータのほうが芸術的な絵を描くことができるだろう。

しかし、今、この章で議論しているのは、数十万年先の未来である。そうした未来において、今の人間の脳よりコンパクトで計算能力の高い、コンピュータの人工頭脳が実現できることは疑う余地がない。またそういったコンピュータの実現以前に、人間の脳はブレインマシンインターフェースによってインターネットと結合し、その能力をインターネット上のクラウドコンピュータで飛躍的に高めることになる。

いずれにしろ、図9-3に示すように、人間は残されたわずかな動物的な部分を機械に置き換え、未来においては完全な技術だけで構成される存在になるであろう。これを私は人間の無機物化と呼んでいる。厳密には有機物も残るのであるが、タンパク質などの複雑な有機物ではなく、主に機械を構成する無機物で構成されるようになる。すなわち人間の無機物化とは、人間が機械で構成されるロボットになるという意味である。

ここで大事なことは、人間をはじめとする生物は無機物から生まれたということである。最初地球には、有機物（生物）は存在していなかった。すなわち無機物だけの世界であった。その無機物だけの世界に、有機物が登場し、有機物が進化して人間が生まれたのである。すなわち、

〈人間は無機物から生まれ、無機物に戻ろうとしている〉

のである。

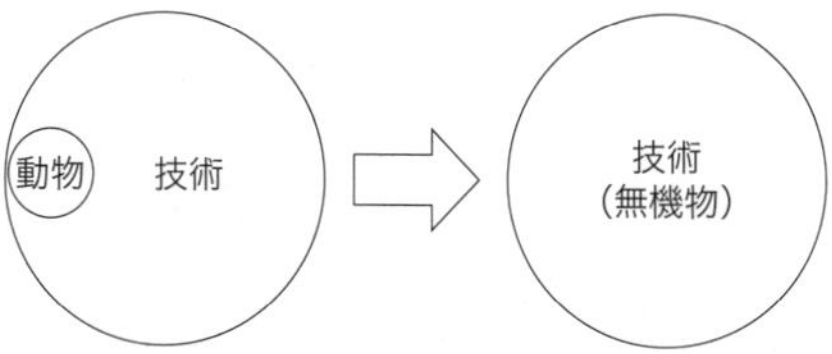

図 9–3　人間の無機物化

図9–4に地球の歴史を示す。四五億年前、地球が誕生した。三五億年前、その地球に有機物、すなわち生物が誕生した。その生物の最も進化したものとして、人類が誕生し、現在その人類は、その活動や体を再び、無機物に戻そうとしている。

人間という有機物はどうして、存在したのだろうか？　人間を構成す

無機物	45億年前	地球の誕生
有機物	35億年前	生物の誕生
	500万年前	人類の誕生
	1万年前	農耕（技術）の始まり
	現在	人間機械化の始まり
無機物	10万年後	人間完全機械化

図9-4　地球の歴史

るタンパク質のような複雑な有機物は、環境適応性が高い。遺伝子の仕組みによって、どんどん環境に適応する。しかし、一方でその複雑な構造は壊れやすく、永遠に維持することができない。

　数十万年経てば、地球の温暖化が極度に進み、生物が住める環境ではなくなるかもしれない。また太陽に異変が起こり、地球は強烈な放射能にさらされるかもしれない。未来において何が起こるか解からないのである。そうした不確定な未来においても、確実に生き残れるのは、宇宙空間でも生き残れる無機物だけかもしれない。

　そう考えれば、

〈人間という有機物の体は、物質の進化（知能化）を加速させるための、一時的な手段にすぎない〉

のではないかと考えられる。

〈私たち人間の目的は、より長く生き延びられる無機物（ロボット、機械）の体を手に入れること〉

であり、そのために、今有機物の体を持つ私たち人間は、一生懸命に技術を発展させて、その体を無機物化しようとしているのではないだろうか。

人間はどうしてこれほどまでに、技術に憧れ、技術に執着しているのか。それは、技術によって有機物を超えた進化を成し遂げようとしているからではないのか。今のところこの仮説は、かなり有力に思える。

新たな人類の誕生

日常的な社会問題を考えていると、生物や人間の進化について忘れてしまうことがある。進化とは、既存の生物からより優れた新たな生物が生まれることである。また、技術で進化する人間の先に現れるのは必ずしも、生物でないかもしれない。

しかし、この進化が停止し、人間が今のままであり続けることはないだろう。いまだに人間は多くの病気や環境変動に悩まされ、毎年多くの人が命を落としている。まだまだ進化の余地がある。

それゆえ、人類が哺乳類から誕生したように、未来において、人類から新しい人類が誕生する可能性は十分にある。

おそらくそういった進化は突然起こるものではなく、徐々に人類の中から発生し始め、徐々にマジョリティを占めるようになるのだろう。その新たな人類の発生はすでに始まっているかもしれない。私たちが夢中で開発しているロボットやアンドロイドやCGのエージェントはもしかしたら、そうした人類の産声なのかもしれない。

人類の先にどのような人類が現れるのか。すでに私たちの社会の中に生まれ始めているのか。そうしたことに思いを馳せると、胸がおどるのは私だけだろうか。

人間の先に現れる、今の人間がめざすもの。それは、

〈無機物の知的生命体〉

なのかもしれない。

無機物の体によるカンブリア爆発

人間が無機物の知的生命体になるというと、多くの人は機械的なロボットを思い浮かべたり、または映画『ターミネーター』に登場する殺人ロボットを思い浮かべたりするかもしれない。もしそうだとしたら、それは、ハリウッド映画の悪い影響を受けすぎていると言わざるをえない。

ハリウッドの映画では、無機物の知的生命体、すなわちロボットが出てくるとたいていは世界を滅ぼしたり、人間に害を与えたりする。明らかにロボットに対する偏った先入観が、そこにはある。

人間が無機物化し、その体を機械に置き換えることの意味は、ハリウッド映画の悪役ロボットになるということではなく、二本の手足や頭を持たなければならないという、人間の生物的制約から解放されて、自由にあらゆる姿形になれるということである。

さらには、機械の体になることは、単なる進化以上の意味をもたらす。それは新たなカンブリア爆発である。生物としての人間が今の姿を獲得したのは、生物が目を獲得し、外界との関係を瞬時に把握できるようになり、爆発的に多様な生物が出現したカンブリア爆発のおかげであろう。今機械の体を手に入れようとしている人間は、環境との間にさらに柔軟で多様な関係を作り上げ、体の機械化による新たなカンブリア爆発を起こそうとしているのではないだろうか（数十万年先の話なのですぐに起こるわけではないが）。人間は再び大進化を遂げようとしているように思える。

10章　人間と共生するロボット

スマートスピーカーの発展

最後に、現実の世界においてこれからロボットはどのように進化し、人々はどのようにロボットを受け入れるかについて、いろいろと私見を述べたり、自分が実現に関わるであろう、近未来について想像したりしてみよう。

図10-1は、スマートフォンが今後どのように発展するかという予測を表している。スマートフォンは携帯電話から進化し、人間には必要不可欠なデバイスとなった。人々は常にスマートフォンを持ち歩いている。知らないことを教えてくれる知識源にもなれば、他の人との繋がりを維持する、ソーシャルネットワークのデバイスにもなっている。

持ち運びながら、自分の脳の一部として利用するデバイスとしては、スマートフォンが現在のところ最適であろう。

スマートフォンに加えて、持ち歩かないデバイス、家などの比較的プライベートな環境で利用するデバイスとして開発されているのが、図10-1の中央にあるスマートスピーカーである。

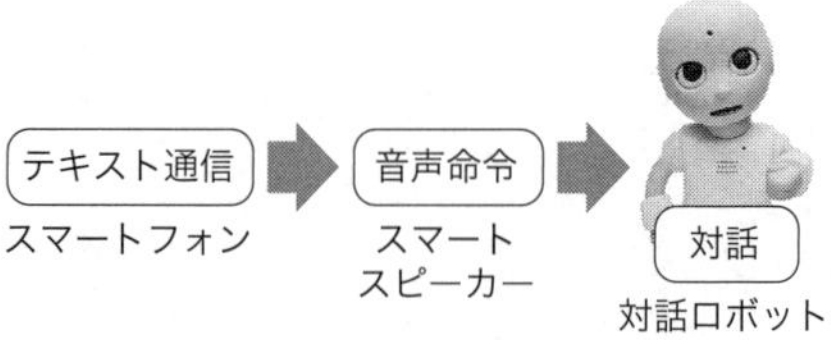

図 10-1　スマートフォンの発展

スマートフォンの問題は、コマンドの入力方法である。いろんな音が飛び交う街中や電車中では、音声認識でコマンドを入力することが難しく、小さい画面でキーボードを使う必要がある。しかし、家などのプライベートな空間では、音声認識が利用できる。その音声認識を使ったデバイスが、スマートスピーカーである。

しかしながら、単純な音声認識だけでは、適切に意図を伝えることが難しい。実際スマートスピーカーは、期待されたほど利用されていない。私もいくつか持っているが、ほとんど使っていない。問題は、いくら音声認識の技術が進歩したとはいえ、そもそも音声だけで意図を伝えるというのは、そうそう簡単なことではないということだ。

人間にサービスを提供するという意図を持ちながら、人間の意図を多様なモダリティを通して推定し、人間のように人間と意思疎通できる対話ロボットでないと、スマートフォン並みに、生活に必要不可欠なものにはならないだろう。

命令する関係から共生する関係

そうした対話ロボットとスマートスピーカーの違いを図にしたのが、図10−2である。

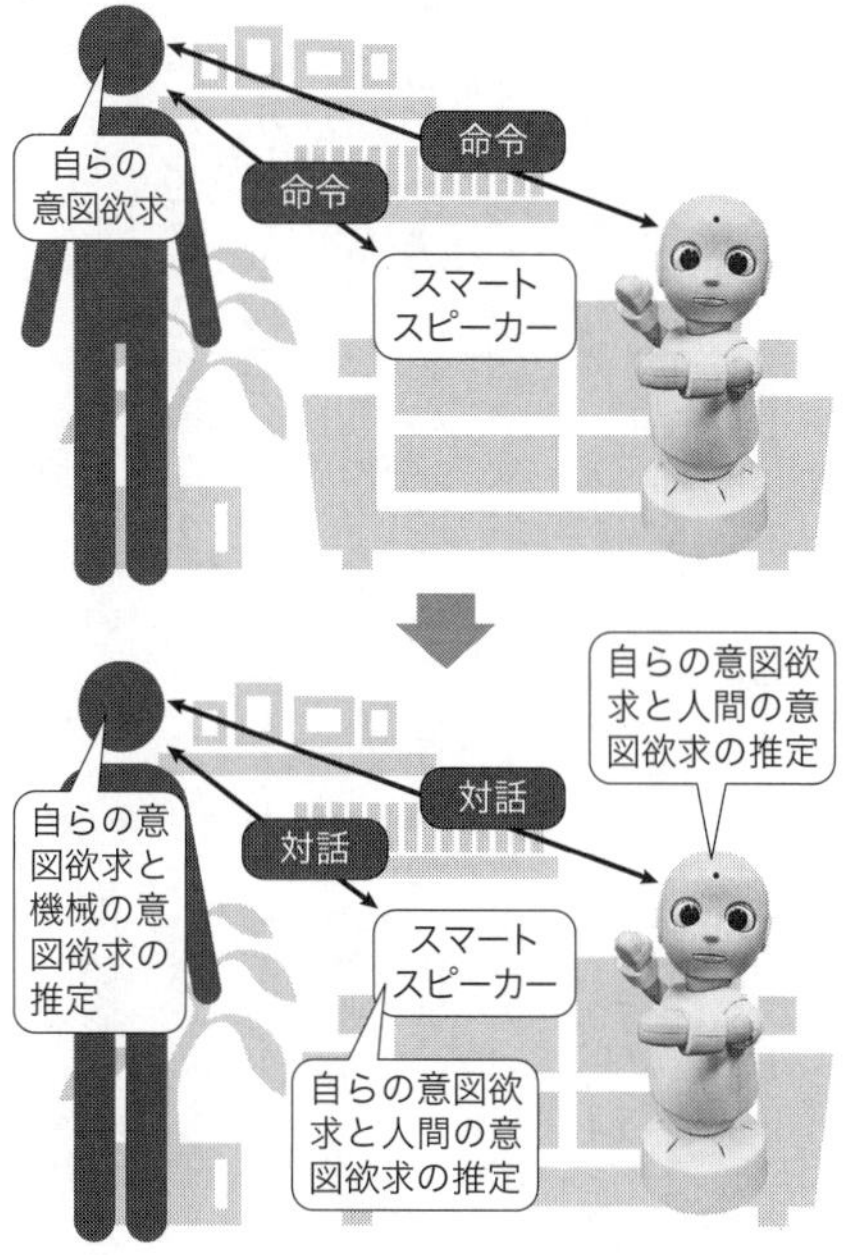

図10−2　命令と対話

この図は、人間とデバイスの関係を表している。スマートスピーカーと人間の関係は、上の図に示されるような、人間からデバイスに命令を与える一方的な関係である。人間は自らの意図や欲求に従って、やってほしいことを声で命令として、スマートスピーカーなどに伝えている。

このような一方的な命令の伝

え方では、命令に曖昧さがある場合、スマートスピーカーは命令を正しく理解できない。また、いくら性能が高くなったといえども、音声認識は常に完璧に行われるわけではなく、滑舌《かつぜつ》の悪い声はやはり認識率が下がる。そうしたときにも、間違った命令が伝わってしまう。

しかし、下の図のように、スマートスピーカーやロボットが自ら意図や欲求を持つ場合はどうであろうか。人間を支援したい、人間の健康を管理したいという、人間に親和的な、人間の生活を支えるための意図や欲求を持つのである。

そういった意図や欲求をスマートスピーカーやロボットが持てば、たとえ音声による命令に曖昧さがあっても、また音声認識が正確でなくても、致命的なミスは起こらない。

上の図の一方的に命令を与える関係では、「お菓子を一個買って」という命令を、スマートスピーカーが「お菓子を一〇個買って」と聞き間違えたときには、そのまま一〇個のお菓子が届くことになる。しかし、下の図のように、スマートスピーカーが人間の健康を管理するという意図や欲求を持つ場合は、「お菓子一〇個は多すぎませんか」と聞いてくれる。これが対話である。

〈互いに意図や欲求を持つから、互いの意図や欲求をすり合わせるための対話が生まれる〉

のである。

このようなやりとりは、人間の家庭内における、主夫や主婦と家族との対話では当たり前のことであるが、まさに人間と人間との対話を実現することが必要になる。それを実現できるのが、図10－1の右に示した対話ロボットである。

これまで本書で紹介してきたように、対話ロボットは、声だけでなく、表情や身振り手振りなど様々な人間らしいモダリティを持つ。それゆえ、声だけのスマートスピーカーよりも、人間とは、はるかに意思疎通しやすく、その意思疎通において誤解も少ない。言葉が正確に理解できなくても、表情から肯定しているのか否定しているのかを判断することもでき、致命的な言葉の誤解を避けることができるのである。

自動運転の電気自動車と対話ロボット

こうした対話ロボットは、これから世の中にどんどん登場すると期待している。しかしその前にこうした意図や欲求を持ったシステムになるのは、自動運転の電気自動車だと思う。

自動運転の電気自動車は、特に地方で暮らす高齢者には必要不可欠である。地方は自動車が必要不可欠であるが、知覚や運動能力が衰えた高齢者による運転は危険で、早急に安全な自動運転の車を普及させる必要がある。

そしてその自動運転の車は、高齢者を目的地に安全に送り届けるという意図や欲求を持ちながら、高齢者の意図を、対話を通して正確に読み取り、高齢者にサービスを提供する必要がある。パソコンやスマートフォンを使うのが難しい高齢者にこそ、音声認識のインターフェースが必要なので、自動運転の車は、比較的滑舌が悪い高齢者の声に乗せられた意図を、適切な対話を通して理解する必要がある。

自動運転の電気自動車には、こういったことが比較的やりやすい条件がそろっている。複雑な文脈が発生する人間の日常において、対話機能を実現するのは難しいが、人間を目的地に運ぶという、特定の文脈しか発生しない自動車内では、対話機能の実現が容易である。また、電気自動車はエンジン音がなく、音声認識には最適な環境になっている。さらに、人間の位置とマイクの位置も固定することができるため、リビングなどのオープンな環境よりも、はるかに正確に音声を認識することができる。

ただし自動運転のパラメータを、運転者が逐一《ちくいち》設定することは難しい。特に高齢者には不可能である。ゆえに、自動運転は自動車が「安全に快適に運転する」という意図や欲求を持ちながら、自動車が主導的に運転する必要がある。

しかしながら、一方で利用者の好み（速度など）を尋ねることは重要である。「少し速めに運転してほしい」という利用者の好みを、対話を通して理解する必要がある。タクシーではそうしたホスピタリティのあるサービスが提供されているが、自動運転でも必要なサービスになる。

スマートフォンの前身である携帯電話は、自動車電話がきっかけとなって、多くの人に普及した。このスマートスピーカーの発展の先にある対話ロボットによるサービスも、自動運転の電気自動車から始まるのではないかと、私は考えている。

対話ロボットが変える未来

私は現在、このような対話ロボットを近未来で実現するための、研究分野の創成をめざしたプロジェクトを推進している。文部科学省の科学研究費助成事業「新学術領域研究」の「人間機械共生社会を目指した対話知能システム学」（略称：対話知能学）である。

近未来では、家電製品やロボットが自律的に活動するようになるとともに、意図や欲求を持ち、意図や欲求を持つがゆえに、それらを利用する人間との間で、言語を用いながら互いの意図や欲求を理解し合い、共生していくという関係を築くことができるようになる。このような

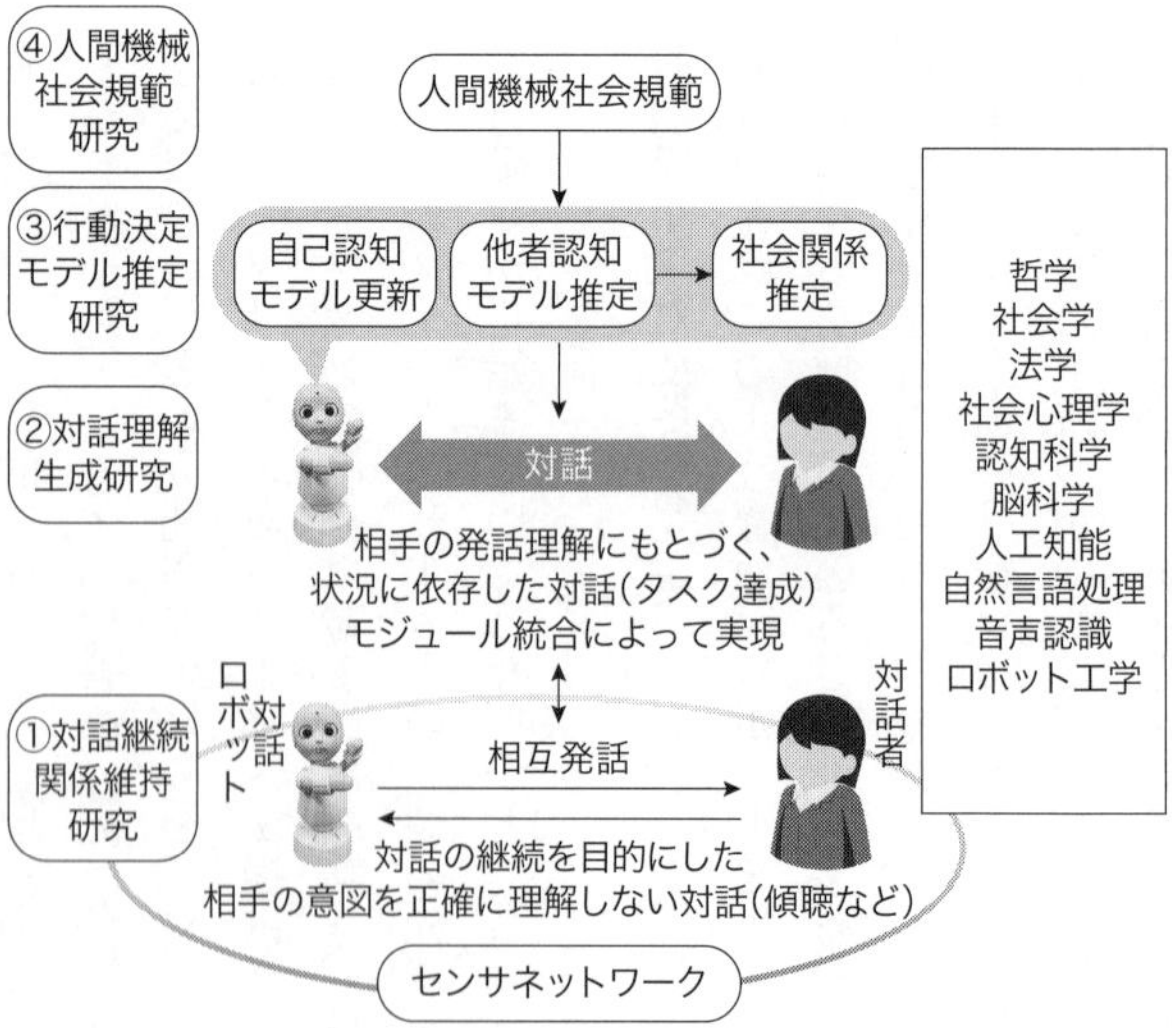

図 10–3　新学術領域研究「対話知能学」

世界がまさに、情報社会の次に来る、人間と知能ロボットや情報メディアが共生する社会である。この新たな共生社会を実現するために、図10－3に示す、四つの研究からなる新たな学術領域の創成に取り組んでいる。

その学術領域は、①対話内容を完全に理解できていない場合も、対話を継続できる対話能力を実現する研究。②特定の目的に関して、対話理解と対話生成を組み合わせた対話を実現する研究。③ロボットが自らの行動決定モデルを構築したり、また相手の行動決定モデルを推定したりする機能を実現する研究。④実証実験を通して、意図や欲求を持つロボットの人々への影響を研究するとともに、ロボット共生社会における社会規範を提案する研究からなる。

ロボット普及の手順は図の上から下に進んでいく。まずロボットを利用するための社会規範を決め、それに従って、ロボットの行動決定機能を設計し、さらに、対話理解機能、対話継続、関係維持機能を設計する。

この対話ロボットの研究開発は、本書でも述べてきたように、単なるロボット研究に留まるものではなく、哲学、社会学、法学、社会心理学など非常に幅広い分野と関わるものである。

アバターの研究開発

自律的に対話するロボットの研究開発は、今後ますます重要になる。しかしその一方で、早期に実用化が期待されているのは、遠隔操作ロボット、すなわちアバターである。対話ロボットの実現は、私の研究がそうであったように、まずアバターの開発から始まり、アバターの実用化を進めながら、その自律化も進めていくことになるだろう。社会に登場するのは、アバターで、その後に、自律対話ロボットが普及するという流れである。

私は、そのアバター開発のプロジェクトにも取り組んでいる。国立研究開発法人科学技術振興機構のムーンショット型研究開発事業である。この事業の目標一は、

〈二〇五〇年までに、人が身体、脳、空間、時間の制約から解放された社会を実現〉

するというものである。他にも、「超早期に疾患の予測・予防をすることができる社会を実現」、「自ら学習・行動し人と共生するロボットを実現」、「経済・産業・安全保障を飛躍的に発展させる誤り耐性型汎用量子コンピュータを実現」といった目標が掲げられている。

私はこの目標一のプロジェクトマネージャーの一人として、研究開発に取り組んでいる。

この目標一はもう少し詳しく説明すると、次の通りである。少子高齢化が進展し、労働力不足が懸念されるなかで、介護や育児をする必要がある人や高齢者など、様々な背景や価値観を持っている人々が、自らのライフスタイルに応じて多様な活動に参画できるようにすることが重要であり、そのために、人が身体、脳、空間、時間の制約から解放された社会を実現することが必要である。そして、その社会の実現のためには、サイボーグやアバターとして知られる一連の技術を高度に活用し、人の身体的能力、認知能力および知覚能力を拡張するサイバネティックアバター(この後はアバターと呼ぶ。ＡＩ技術と融合した発展したアバターという意味である)技術を、社会通念を踏まえながら研究開発する。

この目標一のもとに私がめざすのは、

〈誰もが自在に活躍できるアバター共生社会の実現〉

である。

利用者の反応を見て行動する、ホスピタリティ豊かな対話行動ができる複数のアバターを自在に遠隔操作して、現場に行かなくても多様な社会活動(仕事、教育、医療、日常生活など)に参画できることを実現する。二〇五〇年には、場所の選び方、時間の使い方、人間の能力の拡張において、生活様式が劇的に変革するが、社会とバランスのとれたアバター共生社会を実現するというものである。

より具体的な様子を、図10-4に示す。

教育においては、自宅での勉強は教師がアバターで教えてくれる。典型的な指導はアバターの自律機能が行い、想定外の質問は教師が遠隔操作で対応することにより、教師は同時に一〇台程度のアバターを操作できるようになる。一方、学校には、アバターを用いて世界中から学生が集まり、様々な議論ができるようになる。

図 10-4　アバター共生社会(イラスト：いらすとや)

仕事においても同様である。自宅にアバターで専門家を招きながら、自宅でできる仕事は自宅で行い、会社では世界中から集まるメンバとともに会議を行う。このような働き方によって、通勤通学を最小限にして、より自由に働けるようになる。

医療においては、風邪などの簡単な診察は、医師がアバターを用いて家庭で行う。これにより感染症などの危険性は、非常に低くなる。一方、様々な専門医がアバターで診察するため、街の小さな病院も総合病院並みの機能を持つようになる。

そうなると、日常生活においても、対話パートナーとしてアバターを利用するものや、パーティなどにアバターで参加する者も増えてくる。

すなわち、高齢者や障がい者を含む誰もが、多数のアバターを用いて、身体的・認知・知覚能力を拡張しながら、常人を超えた能力で様々な活動に自在に参加できるようになる。いつでもどこでも仕事や学習ができ、通勤通学時間は最小限にして、自由な時間が十分に取れるようになるのである。

このアバターによって、より具体的にどんな生活が実現できるのだろうか。二〇五〇年の学校の先生(四〇歳女性)の生活を想像してみよう。

この人は、一人で楽しむ自分と、教師として大勢の人を支える自分という二つの柱を持って自由に生きる女性で、人の世話をすることを好む。一方で、一人旅も好きでハワイに住んでいる。

午前は、高性能なアバターが利用できる近くの施設で、世界旅行に出かける。例えば、日本の地方の村(日本は午後)を散歩しながら、いろいろな人と出会う。自由に旅行し、自由に人間関係を作るために、匿名で旅行。いつもとは違う自分で旅行を楽しんでいる。

昼食は、アバター友だちを交えて、数人で近くのカフェで食べる。アバターで参加する友だちはそれぞれ、自分の好きな実世界を見ている。

午後は、アバターを使った教師の仕事に従事している。主に数学と物理を教えている。学生は世界中にいる。決まった学習指導パターンはアバターが自動的に実行するが、説明が難しい問題が出てきた場合は、遠隔操作で対応する。またアバターのモラルのある動作や対話生成機能を利用して、常にていねいに学生に対応している。なかには自閉症の学生もいるが、アバターで効果的に学習指導している。一方、そうした学習指導は、アバター療法として定着している。このようにして、三〇人程度の学生に対して、毎日三時間ほど働いている。

就寝前は、アバターに乗り移って、離れて暮らす生涯の精神的パートナーである、男性アバターに乗り移った女性友だちと二人で過ごす。アバターの仮想現実機能と拡張現実機能で、二人だけの世界がそれぞれの視点で再現されている。

新たな社会問題

このような生活は、人間社会をどのように変えるのだろうか。

インターネット後に表れた仮想世界では、実世界の制約(国境、貨幣、モラル)が取り払われた世界で、多様なインターネット社会が構築されている。言わば多重化仮想世界というべきものである。人々はそのインターネットの世界で自由に活動し、新しいマーケットも生まれた。しかし、インターネットの世界は実世界との繋がりが弱い。

一方で、アバターを使えば、実世界を多重に仮想化することもできる。様々なアバターに乗り移って、違う自分で自由に働くことができるのである。そのアバターを本人と認めるアバター認証ができるようになれば、実世界と仮想世界を結びつけた、労働環境が実現できる。この新たな環境を仮想化実世界と呼ぶ。

仮想化実世界は、アバターによって多様な可能性がもたらされる新たな実世界であり、社会を大きく発展させる。

しかしそれゆえに、新たな社会問題も引き起こすだろう。

例えば、アバターによる実世界の匿名化問題、能力拡張問題、一人の操作者による多数アバター操作問題、人間関係拡張問題などである。

インターネットによる仮想世界は実世界とは独立していたので、匿名化、能力拡張化、人間関係拡張化が大きな問題にならなかった。問題が起これば実世界に戻って解決すればよく、仮想世界は実世界に直接影響を与えないので、問題を独立に扱えたのである。

しかし、仮想化実世界は、実世界に根づいているために、こういった問題をより慎重に扱わなければならない。

そして、人間、アバター、自律ロボットの権利と責任についても議論が必要となる。人間に許されないことが、アバターやロボットでは許されるのか。どうすればアバターやロボットを信頼できるのかなどの問題は、今すぐにも検討を始めるべき問題である。

人間アバター・ロボット共生社会

再び、私が実現を夢見る人間アバター・ロボット共生社会を示そう(図1−4)。

人類が技術やロボットに憧れる限り、必ずこの図に示されるような、人間とアバターやロボットが共生する社会は訪れる。そこでは、もはや人間もアバターもロボットもその区別は曖昧になり、すべてが共生し、融合して発展してゆく社会になる。そのような社会の実現こそが、人間の進化であろう。

そうして、そのような社会において、人間は何を目的に生きるのかと問えば、「人間を知るため」だと答えたい。人間の興味は人間や人間社会そのものにあり、自分が何者でどのような可能性を持っているか考え続けること、そのことこそが人間の生きる目的だと思う。

〈人間の新たな可能性に毎日思いを馳せることは、人間にとって最も幸せなことであろう〉

エピローグ

未来を考える力

私は研究者だが、研究者にとって、おそらく研究者以外の者にとっても、未来のことを考えることは大事である。しかし勘違いしてはいけないのは、未来には必ず幸せがやってくると何も考えずに信じることだ。もし常に未来が幸せなら、過去は未来に比べて不幸だったのかということになる。平安時代は今に比べてものすごく不幸だったのだろうか？　決してそんなことはない。

幸せとは相対的な価値観であって、過去にも未来にも、幸せも不幸もある。幸せがずっと続けば、それは言わば当たり前になり、ときには幸せでなくなるとともに、少しの不幸が大きな不幸に感じるようにもなる。

大事なことは、未来は幸せにならないかもしれないけれど、それでも未来に向かって人間は生きていくということである。

そうなると、人間は幸せになるために生きているのではなく、何か別の目的があるか、目的のないままに生きていることになる。何の目的もなく、ただひたすらに生きる。本来人間はそうした生き物だったに違いない。動物を見れば、ただひたすらに生きているように見える。しかし、未来を予測する力を持った人間にとって、未来を考えずに今をただひたすらに生きるということは、もはや難しい。未来について考え、そこから今自分がすべきことを考えることで、今自分が生きる意味を感じながら生きることができる。

未来を考える力を持ったがゆえに、未来について期待が持てなくなったとき、人間は動物よりももろく、生きる力を失ってしまう。そこに人間の悲しい性《さが》があるように思う。

未来は自分で創るもの

私は、ずっと人間と関わるロボットの研究をしてきた。特にこの二〇年は、人間理解を目的に人間と関わるロボットの研究に取り組んできた。この人間と関わるロボットの研究を目的に持ったのは、人生の最初からではない。

人生において夢や目的を持つことは大事だが、その夢や目的は、どんどん発展していく必要がある。小さいころの夢は、不十分な情報をもとに、不十分な能力を前提に創られたものがほとんどだろう。だから、当然成長して、情報が増え、能力が高まれば、持てる夢も変わってくる。

私は研究者になった後でも、自分が未来においてやるべきことに確信を持てずにいた。未来には、ロボット社会は来るように思えるのだけれど、本当に来るのだろうかと常に思い悩んでいた。

1章でも述べたが、そうしたときに、パソコンの父と呼ばれるアラン・ケイ氏と話す機会があり、未来においてロボット社会は来ると思うかどうかを聞いた。アランは「君はクリエイティブな人間だろ。だったら未来は自分で実現するものだ。人に聞くものではない」と言った。こう言われて、それまでモヤモヤとしていた未来がはっきりと見えたような気がした。それ以来私は講演の中で、ロボットと人間が共生する「ロボット社会」を実現すると自信を持って言うようになった。

未来は予測するものではなく、自分で創るもの。そう考えれば、自分の人生の見通しははるかによくなる。不確かな未来のことを考えて思い悩むのではなく、自分で創りたい未来を思い描くだけでいい。

ロボットを通して人間を考える

自分が思い描いた未来である「ロボット社会」を実現して、何をしたいのか。単にロボットがたくさん活躍する社会を創りたいのか。そうではなく、私が創りたいロボット社会とは、ロボットとの関わりを通して人間について多くを学べる社会である。

人間と関わるロボットを開発するには、人間について深い知識が必要になる。そして開発したロボットと人間との関わりを観察すれば、そのロボットがどれほど人間に近づいたか知ることができる。

人間は、人間と関わるための脳の機能や体を持っている。ゆえに、人間と関わるロボットを実現するというのは、人間そのものをロボットの技術で創り上げるということでもある。

このように、私が創りたいロボット社会を実現するためには、人間について深く理解する必要があり、人間に対する深い興味がなければならない。

思い返せば、私自身、小さいころから気にかけていたのは、自分とは何か、人間とは何かという問題である。小学五年生くらいのときに、大人に「人の気持ちを考えなさい」と言われたことがある。そう言われて、何をどうしていいか解からず、逆にその意味を知っている大人はすごく偉いと思った。

「気持ち」とは何か、具体的にどんなものを指すのか。「考える」とは、どうすることなのか。単に記憶することでも、計算することでもないはずだ。

むろん、この小学五年生の疑問に対する答えは今も得られていない。「気持ち」や「考える」というものは、非常に理解が難しいことである。そしてもっと難しいのが「人」の理解である。「人の気持ちを考えなさい」とは何をどうすることなのか、今でも疑問のままに残っている。

しかし、この疑問こそが人間にとって最も重要な疑問なのだと思う。夢とは何か、生きる目的とは何か、そういったことがはっきりしないままに、目の前のことに取り組みながら生きてきた。ただ、小学五年生以来、人間や自分に関する様々な疑問が沸き起こっては、生活に紛れて消えることを繰り返していた。そして、そうした疑問が研究を続ける中で、徐々に明確になり、自分の解くべき問題、創るべき社会のイメージが明らかになってきた。

私が創りたい社会とは、自分を映し出し、人間とは何かを考えるヒントをたくさん与えてくれるロボットが身の周りで活動する社会、ロボットを通して自分たち人間の存在について深く考えることができる社会である。

ただ、この人間理解にはゴールがない。人間理解はほとんどの科学技術の目的であるように、最も難しく、最も重要な問題であるとともに、質《たち》が悪いのはこの問題の答えは常に変化するということである。

人間の「定義」は科学技術の進歩とともに、少しずつ変化してきた。今後も科学技術の進歩や社会の変化に伴い、その「定義」は変わっていく。それゆえ、理解したと思っても次の瞬間変化し、また疑問が膨らむ。それでも私たち人間は、人間理解をやめないだろうと思う。

未来は可能性に満ちている

そうした人間の未来は、人間にとって幸せなものになるのだろうか。

先にも述べたように、幸せとは相対的な価値観であって、過去にも未来にも、幸せも不幸もある。幸せがずっと続けばそれは言わば当たり前になり、幸せでなくなる。ゆえに、未来において幸せは保証されない。

しかし、その中で、多様性は重要だと思う。

もし未来が一つだったら、それを幸せと思う人にとってはいいことだが、それも変化しなければ、幸せはすぐに薄れていく。未来がどうあるべきかと考えれば、いくつもの価値観を受け入れてくれる多様性があることだろうと思う。

多様性で思い出されるのは、動物や人間の進化である。未来に向けてよりよい形態に自らを変えていく進化は、未来を予測しているわけではなく、多様な個体をたくさん生み出し、そのうち偶然環境に適応したものだけが生き延びる。むろん、個体が学んだことが社会の中で引き継がれて、よりよい個体が生まれていくということもあるだろう。しかし、多様性を失ってしまっては、進化は難しい。

では、ロボットの技術は、ひいては科学技術一般は、未来において多様性を生み出すのだろうか。私の答えはＹＥＳである。

科学技術は特に人間について、その可能性をどんどんと拡げてきた。人間は科学技術を取り込むことによって、膨大な情報を扱えるようになり、また秀でた身体能力を持てるようになった。

スマートフォンを使えば、いつでもどこでも世界中に散らばる情報にアクセスできるとともに、自分の記憶能力を代行させることもできる。自動車や飛行機を使えば、走るよりもはるかに速く別の場所に移動できる。

今は、優れた人工義肢が開発され、身体能力はときに「健常者」を上回ることもある。パラリンピックの選手のプレイをみれば、その凄さに感動することも多い。

人間は「完全な肉体」を持つことが必要かと問われれば、今はＹＥＳという人はほとんどいないだろう。義手や義足、人工骨、人工臓器などを使っている人は、ますます増えている。技術は、人間の可能性を拡げ、多様性をもたらしてきているのである。

肉体が人間の要件にないなら、人間は未来においてさらに多様性を拡げる可能性がある。人間の肉体という制約に縛られずに、自由に身体や感覚器や脳の機能を拡張することができる。

このようにして、私たち人間は科学技術を取り込みながら、多様性を増し、さらに進化していく。未来は幸せかどうか解からないが、いろいろな可能性に満ちていることは間違いなく、その可能性は科学技術によって、さらに拡張されていく。

どのような人間に進化したいのか、人間一人ひとりが思い描く未来のすべてが可能性としてある。多様性を生み出す科学技術を発展させながら、それぞれがなりたい未来の人間を思い描きながら、人間の可能性を探究し、人間を理解しようとしている。いまのところ、これが人間として生きることの意味だと思う。

謝辞

本書では、最近の一〇年間で取り組んできた研究を紹介しながら、自分が考えるロボットと人間の本質について述べてきた。本書で紹介した研究は、多くの関係者の協力なしにはいっさい実現できるものではなかった。関係者全員に感謝の意を表する。

なお、3章は『アンドロイド基本原則』(日刊工業新聞社)に執筆したものに加筆し、エピローグは『もし「未来」という教科があったなら』(学事出版)に執筆した文章をもとにした。

石黒　浩

ロボット工学者．大阪大学基礎工学研究科博士課程修了．工学博士．京都大学情報学研究科助教授，大阪大学工学研究科教授を経て，2009年より大阪大学基礎工学研究科教授(栄誉教授)．ATR石黒浩特別研究所客員所長(ATRフェロー)．遠隔操作ロボットや知能ロボットの研究開発に従事．人間酷似型ロボット(アンドロイド)研究の第一人者．2011年大阪文化賞受賞．2015年文部科学大臣表彰受賞およびシェイク・ムハンマド・ビン・ラーシド・アール・マクトゥーム知識賞受賞．2020年立石賞受賞．2021年オーフス大学名誉博士．
著書には，『ロボットとは何か——人の心を映す鏡』(講談社現代新書)，『どうすれば「人」を創れるか——アンドロイドになった私』(新潮文庫)，『僕がロボットをつくる理由——未来の生き方を日常からデザインする』(世界思想社)ほかがある．
http://www.irl.sys.es.osaka-u.ac.jp/
http://www.geminoid.jp/ja/index.html

ロボットと人間　人とは何か　　岩波新書(新赤版)1901

2021年11月19日　第1刷発行
2023年 3 月15日　第2刷発行

著　者　石《いし》黒《ぐろ》　浩《ひろし》

発行者　坂本政謙

発行所　株式会社　岩波書店
〒101-8002 東京都千代田区一ツ橋 2-5-5
案内 03-5210-4000　営業部 03-5210-4111
https://www.iwanami.co.jp/

新書編集部 03-5210-4054
https://www.iwanami.co.jp/sin/

印刷・理想社　カバー・半七印刷　製本・中永製本

ISBN 978-4-00-431901-6　　Printed in Japan

岩波新書新赤版一〇〇〇点に際して

ひとつの時代が終わったと言われて久しい。だが、その先にいかなる時代を展望するのか、私たちはその輪郭すら描きえていない。二〇世紀から持ち越した課題の多くは、未だ解決の緒を見つけることのできないままであり、二一世紀が新たに招きよせた問題も少なくない。グローバル資本主義の浸透、憎悪の連鎖、暴力の応酬――世界は混沌として深い不安の只中にある。

現代社会においては変化が常態となり、速さと新しさに絶対的な価値が与えられた。消費社会の深化と情報技術の革命は、種々の境界を無くし、人々の生活やコミュニケーションの様式を根底から変容させてきた。ライフスタイルは多様化し、一面では個人の生き方をそれぞれが選びとる時代が始まっている。同時に、新たな格差が生まれ、様々な次元での亀裂や分断が深まっている。社会や歴史に対する意識が揺らぎ、普遍的な理念に対する根本的な懐疑や、現実を変えることへの無力感がひそかに根を張りつつある。そして生きることに誰もが困難を覚える時代が到来している。

しかし、日常生活のそれぞれの場で、自由と民主主義を獲得し実践することを通じて、私たち自身がそうした閉塞を乗り超え、希望の時代の幕開けを告げてゆくことは不可能ではあるまい。そのために、いま求められていること――それは、個と個の間で開かれた対話を積み重ねながら、人間らしく生きることの条件について一人ひとりが粘り強く思考することではないか。その営みの糧となるものが、教養に外ならないと私たちは考える。歴史とは何か、よく生きるとはいかなることか、世界そして人間はどこへ向かうべきなのか――こうした根源的な問いとの格闘が、文化と知の厚みを作り出し、個人と社会を支える基盤としての教養となった。まさにそのような教養への道案内こそ、岩波新書が創刊以来、追求してきたことである。

岩波新書は、日中戦争下の一九三八年一一月に赤版として創刊された。創刊の辞は、道義の精神に則らない日本の行動を憂慮し、批判的精神と良心的行動の欠如を戒めつつ、現代人の現代的教養を刊行の目的とする、と謳っている。以後、青版、黄版、新赤版と装いを改めながら、合計二五〇〇点余りを世に問うてきた。そして、いままた新赤版が一〇〇〇点を迎えたのを機に、人間の理性と良心への信頼を再確認し、それに裏打ちされた文化を培っていく決意を込めて、新しい装丁のもとに再出発したいと思う。一冊一冊から吹き出す新風が一人でも多くの読者の許に届くこと、そして希望ある時代への想像力を豊かにかき立てることを切に願う。

（二〇〇六年四月）